机载总线技术

主 编 王 勇
副主编 刘 安 解武杰 刘 达

国防工业出版社
·北京·

内 容 提 要

本书系统地介绍了机载总线的基本概念、协议标准、接口应用以及近年来的重要进展，力图使读者深入理解机载总线技术在新型飞机中的作用与地位，较好地把握总线设备相关知识，提升航空工程人员岗位任职能力。

全书共分5章。第1章介绍机载总线的基本概念、发展过程及作用地位，第2章论述第三代飞机总线标准及其应用，第3章论述第四代飞机及大型飞机总线标准与应用，第4章论述无人机总线以及飞机局部总线标准，第5章介绍总线在飞机中的应用及未来总线技术的发展方向。附录部分为总线实验及教学资源简介、实验及综合设计指导书、习题与答案。

本书可作为航空工程类院校的相关专业本科和研究生层次的课程教材，同时面向航空兵部队、军事指挥机关及民航的工程技术和管理人员，也适合于有一定网络基础的广大航空及电子爱好者阅读。

图书在版编目(CIP)数据

机载总线技术／王勇主编． —北京：国防工业出版社，2023.6
ISBN 978-7-118-12821-5

Ⅰ．①机… Ⅱ．①王… Ⅲ．①机载计算机-总线 Ⅳ．①V247.1

中国国家版本馆 CIP 数据核字(2023)第 119434 号

※

国防工业出版社出版发行
（北京市海淀区紫竹院南路23号 邮政编码100048）
北京虎彩文化传播有限公司印刷
新华书店经售

*

开本 787×1092 1/16 印张 13¼ 字数 304 千字
2023 年 6 月第 1 版第 1 次印刷 印数 1—1000 册 定价 98.00 元

（本书如有印装错误，我社负责调换）

国防书店：(010)88540777   书店传真：(010)88540776
发行业务：(010)88540717   发行传真：(010)88540762

前 言

现代飞机发展进步的显著标志是航空电子的综合化,其实质是通过高速可靠的内部网络实现机载系统和设备的互联互通。高效、快速、安全、规律的数据调度策略,造就了全局通信控制系统,形成了以数据为中心的贯穿整机的控制流,从而保证了飞行和作战的敏捷性和可靠性。总线作为机载高速网络的重要代表贡献非凡,它贯穿于顶层设计、装备使用、设备维护各个方面,推动了航空电子技术和装备结构的进步和发展。

本书介绍了机载总线协议标准及其应用,分析了数据传输控制思想,旨在建立航空电子系统综合的全局概念。背景以国内现役飞机为主,同时也兼顾国际军用 F-35、F-22、F-16、俄制及民航波音、空客等机型中的先进技术。全书内容由八部分组成:总线基本概念、三代飞机总线、四代飞机总线、大型机总线、无人机总线、飞机局部总线、总线军事应用以及未来发展。同时配套了课程实验、综合设计、习题及网络资源介绍。

本书作为教材使用时应在"数字电路""微型计算机原理""程序设计语言"等课程后开设,学生最好有"计算机网络"方面的基础知识。

在本书编写过程中得到了北京航空航天大学、西北工业大学、火箭军工程大学、海军航空大学、陆军航空兵学院,陆军装甲兵学院、中国航空工业集团有限公司第 601 所、602 所、603 所、611 所、615 所、631 所以及本校内的许多专家、教授的支持和帮助,在此表示衷心的感谢。

由于编者水平有限,教材中难免有不足及疏漏之处,诚恳希望广大读者予以批评指正。

编 者
2023 年 1 月

目 录

第1章 概论 … 1
1.1 机载总线基本概念 … 1
1.1.1 基本定义 … 1
1.1.2 发展过程 … 2
1.2 机载总线地位与作用 … 3
1.2.1 航电系统任务 … 3
1.2.2 飞行作战程序 … 5
1.3 机载总线结构与控制 … 15
1.3.1 单层次总线结构 … 16
1.3.2 多层次总线结构 … 16
1.3.3 总线控制方法 … 17

第2章 第三代飞机机载总线 … 21
2.1 MIL-STD-1553B 数据总线 … 21
2.1.1 总线特征 … 21
2.1.2 数据格式 … 23
2.1.3 通信控制 … 27
2.1.4 接口逻辑 … 31
2.1.5 通信软件 … 43
2.1.6 协议拓展 … 48
2.2 ARINC429 数据总线 … 53
2.2.1 总线特征 … 53
2.2.2 数据格式 … 54
2.2.3 通信控制 … 59
2.2.4 接口逻辑 … 61
2.2.5 接口应用 … 66
2.2.6 俄制飞机总线特点 … 69

第3章 第四代飞机机载总线 … 73
3.1 F-22 飞机总线 LTPB … 73
3.1.1 基本特征 … 74
3.1.2 通信协议 … 74
3.1.3 接口应用 … 77
3.2 F-35 飞机总线 FC … 87

	3.2.1	基本特征	87
	3.2.2	协议结构	88
	3.2.3	系统结构	88
	3.2.4	消息格式	89
	3.2.5	通信控制	90
	3.2.6	接口应用	92
3.3	大型飞机总线 AFDX		94
	3.3.1	基本特征	95
	3.3.2	系统结构	96
	3.3.3	数据格式	97
	3.3.4	通信控制	98
	3.3.5	接口应用	102
第 4 章	**局部与无人机机载总线**		**106**
4.1	机载 1394 总线		106
	4.1.1	系统组成	107
	4.1.2	分层协议	107
	4.1.3	总线特征	108
	4.1.4	数据格式	109
	4.1.5	传输控制	114
	4.1.6	总线应用	115
4.2	RapidIO 总线		116
	4.2.1	系统组成	116
	4.2.2	总线特征	117
	4.2.3	数据格式	117
	4.2.4	传输控制	119
4.3	TM 测试与维护总线		119
	4.3.1	基本特征	119
	4.3.2	通信协议	120
	4.3.3	接口应用	126
4.4	RS-422/485 总线		130
	4.4.1	传输信号	130
	4.4.2	422 连接特性	131
	4.4.3	485 连接特性	131
	4.4.4	实用参考	132
	4.4.5	485 通信协议	134
4.5	机载 CAN 总线		135
	4.5.1	系统组成	136
	4.5.2	总线特征	136
	4.5.3	数据格式	136

4.5.4　传输控制 …………………………………………………………… 138
第5章　机载总线应用与发展 …………………………………………………… 140
5.1　机载总线系统应用 …………………………………………………………… 140
5.1.1　三代机应用 …………………………………………………………… 140
5.1.2　四代机应用 …………………………………………………………… 141
5.1.3　大型机应用 …………………………………………………………… 142
5.2　TTE总线技术 ………………………………………………………………… 143
5.2.1　基本原理 ……………………………………………………………… 143
5.2.2　技术优势 ……………………………………………………………… 147
5.3　波分全光路技术 ……………………………………………………………… 148
5.3.1　基本原理 ……………………………………………………………… 148
5.3.2　技术优势 ……………………………………………………………… 149
5.3.3　军用展望 ……………………………………………………………… 149
5.4　超宽带无线技术 ……………………………………………………………… 150
5.4.1　基本原理 ……………………………………………………………… 150
5.4.2　技术优势 ……………………………………………………………… 153
5.4.3　军用展望 ……………………………………………………………… 154
附录 …………………………………………………………………………………… 155
附录1　实验室及网络教学资源简介 …………………………………………… 155
附录2　总线实验指导书 ………………………………………………………… 156
附录3　总线综合设计指导书 …………………………………………………… 182
附录4　习题及参考答案 ………………………………………………………… 187
附录5　英汉专业缩略词汇对照表 ……………………………………………… 192
附录6　俄汉专业缩略词汇对照表 ……………………………………………… 199
参考文献 ……………………………………………………………………………… 203

第1章 概　　论

1.1　机载总线基本概念

1.1.1　基本定义

1. 机载总线定义

　　航空电子系统简称航电系统，是指飞机上所有电子设备的组合。航电系统不仅涵盖了飞机的各子系统，也包括在子系统之间进行资源共享和信息交换的信息综合系统。没有先进的航空电子系统，就没有先进的军用飞机，飞机和武器也就无法展现应有的作战效能和生存能力，也就很难完成现代化条件下赋予的作战使命。在《中国大百科全书——航空航天卷》中对航空电子有明确的释文："航空电子是研究电子技术在航空工程中应用的学科，是在航空技术与电子技术发展过程中逐步形成的。"随着飞机性能的不断提高和任务的不断增加，用于完成各种功能的电子设备出现了数量激增的现象，大型客机上各种电子设备电缆总质量超过 1000kg，这必然造成设备拥挤，布线复杂，相互间电磁干扰严重，可靠性及灵活性差，标准化程度低，飞行员工作负担重，从而影响飞机的飞行和作战性能，维修工时大量增加，研制周期加长、费用激增，整个航空电子系统的寿命期成本上升。因此，对机载电子设备、电子系统共同关注的焦点是如何充分发挥它们的功能。许多电子设备性能是先进的，但是由于系统构成没有处理好，导致设备的效率不够高，20世纪70年代初出现的航空电子综合化数字信息系统，为解决这一问题提供了一条有效的途径。综合化是指用一种设备完成多种功能，代替原有多种设备的工作。由机载计算机实现信息处理的综合，实现机载信息资源的高度共享，最大限度地利用公用的硬件和软件，避免了不必要的设备重复和减少不必要的设备激增现象。由综合控制显示器实现信息控制或显示综合，可以大大减轻飞行员管理工作的负担。

　　新型作战飞机显著特征是实现了航空电子系统的综合，就是各机载设备通过数据总线实现全局连接，飞机各个设备之间连接以及系统连接均归于总线渠道，通过总线实现信息综合和功能综合。机载总线就是连接各类机载设备的公共数据通道，就是飞机上的网络系统。航空电子系统中各类装备设计、性能分析、设备改装、功能扩展、故障诊断、功能判断都统一使用总线接口，设备功能性能验证、仿真系统分析和大型系统试验更离不开总线的支持。总线已成为连接访问机载设备的主渠道，也是论证、研究、评估、维护飞机系统和设备的必由通道。从狭义来看，机载总线就是规定了长度等性能参数的电缆或光缆，以及连接设备和电缆或光缆的连接器、耦合器等。从广义来看，机载总线实际上就是一个计算机局域网，在此网中的各电子设备可以进行有序的信息传输，并实现资源的高度共享，实现航空电子的综合。这种数字联网技术，基本原理与通用的网络系统并无差别，但由于应用领域的特殊性,对安全性、可靠性、维护性等指标有苛刻的要求,需要专门深入的学习和研究,制定或优选相应的协议和标准进行规范。

2. 机载总线任务

在飞行作战中机载总线承担数据传输与分发任务,配合各类嵌入式计算机完成飞行的数据采集、信息处理和指挥控制任务,具体任务如下。

(1) 数据准确传输:按照航电系统的要求,面对各类机载设备,采用统一的格式,完成数据的正确传递,实现信息的综合。

(2) 数据实时分发:各类机载传感器数据的更新率不同,总线必须制定分发策略,减少延迟避免拥塞,及时地完成众多数据的传输,以便得到快速的处理与响应,保证飞机的灵活和机动性。

(3) 数据安全到达:面对复杂的电磁环境,在传输过程中应具有发现问题、纠正错误的抗干扰能力,确保数据的可用性。

(4) 传输可监视性:飞机内部的数据通信应便于快速采集与大量记录,为空中和地面故障检测、结构重组和余度切换等健康管理提供及时准确的信息资源。

3. 机载总线特点

与通用网络相比,对机载总线的要求是比较高的,具体有如下几点。

(1) 抗恶劣性强:能在较大的温度变化范围($-60 \sim +60°C$),冲击过载高达 $40g$,以及振动、潮湿、盐雾、电磁干扰、空间粒子辐射和核辐射等条件下工作。

(2) 可靠性高、可维修性好、性能稳定:现代飞机价格昂贵,在飞行中难以维修,内部通信一旦失效,后果严重。为保证其工作可靠,除采用高可靠性器件之外,还须采用冗余技术、自检测和监控技术组成容错系统,且能自动检测、诊断故障,重组航电结构,保持系统总体能正常工作。

(3) 高速宽带:飞机速度快,飞行环境和飞机姿态也瞬息多变,因此飞机上的处理单元应当能够实时地采集数据进行运算,实施控制。它的数据采样间隔时间一般仅为几毫秒至几十毫秒,计算周期等于采样间隔时间或是它的几倍。随着飞行器性能的提高,需要运算和处理的数据信息不断增多,也要求总线有更高的传输速率。

1.1.2 发展过程

机载总线是航电系统发展到一定阶段的产物,是航电系统综合化的核心技术,它的发展经历了以下几个阶段。

1. 模拟式机载传输

早期航空电子系统由一些分散、功能单一的系统组成,内部智能控制单元为模拟计算机,相互间的信息传递较少,通过电压、脉冲等模拟信号进行,严格意义上不能称为总线,其代表性的飞机有 F-100、F-4 等。

2. 集中式机载总线

20 世纪 70 年代,美国空军发起了数字式航空电子设备信息系统(DAIS)计划,提出了从系统工程的观点来统筹设计航空电子系统,以电缆为介质将机上的各个计算机联成数字网络,实现座舱的综合显示和控制。此时第一个机载传输网络以 1553B 总线协议形式诞生且影响很大,致使总线称谓一直沿用至今。机载计算机采用标准化、模块化设计,通过总线实现信息共享,使系统有重构容错能力,从而形成了新型的航空电子综合化系统。数字式计算机开始应用于航空领域。这时的战斗/攻击机的机载计算机分为两类:一类为中央任务处理机,即主子系统;另一类是大量嵌入式微处理机,即子系统。这两类处理机通过1553B总线互连,构成集中式机载处理系统。中央处理机主要完成与飞机作战任务有关的计算,对各个子系统进行管理、调度和控制,对多路总线进行控制。另外,还在检测、故障隔离以及系统重构和性能降级中使用。而各子系统处理机则完成各个子系统的信号处理和数据处理任务。此时的计算机大部分以单一任务为主,如导航计算机、火控计算机等,其代表性的飞机有 F-16、F-18、A-10 等。

3. 分布式机载总线

20世纪80年代,美国空军莱特实验室提出了"宝石柱"(PAVE PILLAR)计划。它利用了当时发展起来的分布式综合航空电子系统,突破了原有的子系统概念,整个结构按功能分为三个资源共享的功能管理区,即任务管理区、传感器管理区和飞机管理区。各个功能区之间通过高速多路传输总线互联。这种结构以高速集成电路(VHSIC)和通用模块为基础,实现了航空电子系统的高度综合。它不仅提高了故障检测和隔离能力,还简化了维护工作,减少了全寿命的维护费用。这个计划现已用于 F-22 和 RAH-66 飞机上。

4. 交换式机载网络

到了20世纪90年代,美国空军莱特实验室又提出了"宝石台"(PAVE PACE)计划。"宝石台"计划的出现使人们看到了21世纪先进作战飞机的雏形。它是在"宝石柱"计划的基础上,进一步扩大了任务功能的范围,提高了系统处理能力,采用了人工智能算法和神经网络等新技术,实现了模块化、综合化、通用化和智能化高度综合的航空电子系统。它的结构主要由综合射频部分(IRF)和综合核心处理机(ICP)组成。ICP是此结构的主要部件之一,它是一个模块化的处理机,由12个多制层芯片(MCP)和8种通用单个标准电子模块(SEME)组成。信号处理硬件采用综合的多功能芯片如 32/64 位 RISC CPU 芯片,每片的处理能力可达 150 百万条指令/s。与此相对应,机载数据传输也进行了集中交换,即通过交换机完成各个系统部件的连接与互通,但非集中管理和控制。传输介质也由电缆进步到光纤,减轻了重量、加快了速度、增加了信道,显著地提高了抗干扰能力,其代表性的飞机有 F-35、A380、B787 等。

未来总线正在探索波分全光路、无线超宽带等新技术,并朝着统一网络方向前进。

1.2 机载总线地位与作用

1.2.1 航电系统任务

数据传输是航空电子综合的关键技术,其作用与地位体现在航电系统的任务中,而航电系统任务是通过机载软件实现的,软件是飞行中自动控制与管理的实现者,是飞机工作的灵魂。目前对其任务的描述,基本上分为以下两类。

面向飞行任务处理的功能:由主计算机承担,同时负责总线的管理。

面向传感器任务处理的功能:由子系统计算机完成。

每一台计算机仅执行有针对性的任务,如对某些物理量的测量数据进行转换和处理。

在总线控制器的控制驱动下,各子系统的数据通过总线实现共享,主计算机获取相关信息,完成面向飞行作战任务的计算与处理,并向飞行员提供关键信息的显示。

当不同类型的飞机承担不同的作战任务时,航空电子综合系统所承担的责任各不相同,它所包含的子系统数量和类型也可能有多有少,因此飞行任务和传感器任务的界面可能呈现模糊,这表现在飞行任务处理的功能可能有大有小。但是,从基本的功能出发,依照飞行安全的要求,飞行任务可以分成四类:飞行的基本任务、系统与飞行员接口的人机工程任务、导航任务和作战(攻击、防卫)任务。如果系统规模大到对单个主计算机难以承担的程度,则系统设计中可以将上述任务的一部分分配到合适的子系统管理计算机中,用多层总线的拓扑结构,完成系统功能。飞行任务细述如下。

基本飞行任务:由维持飞机安全飞行的子系统组成的任务,如关系到飞行安全的飞行控制系统和环境控制系统。

人机工程任务:包括直接与飞行员接口的系统和功能,如提供系统控制能力的总线控制器紧密联系的座舱控制和显示功能。

导航任务:决定飞行的当前位置和指引它飞向何处的功能。

作战任务:包括所有的攻击、防御和外挂管理功能,它又分为空-空、空-地、攻击和防御四种模式。

上述所有飞行任务均反映在飞行员的飞行作战程序(OFP)中,图1-1表示了OFP的任务分配及系统的功能划分情况。各种飞机的航空电子子系统有差异,因此应用任务软件也可能不同。图中应用软件中未将飞行控制和环境控制列入在内,这说明某些飞机上这两个子系统并未纳入到航空电子综合化系统中。

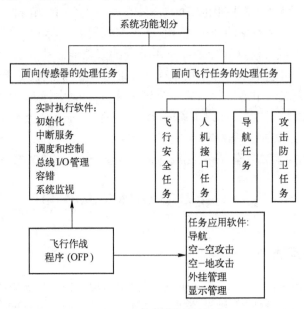

图1-1 软件体系组成

下面专门讨论控制全局的飞行作战程序。

1.2.2 飞行作战程序

1. 总体结构

1) 程序功能

OFP 的基本思想由三个基本要素组成，即输入—处理—输出。OFP 的输入是指了解飞行员的任务意图、了解当前飞机状况、了解外界(包括目标)当前状况，这可以通过采集座舱开关或键钮的状态以及内外部传感器来实现。处理和计算是指 OFP 要根据飞行作战任务的要求，执行不同的任务计算和数据处理的功能。输出是一个显示和驱动过程，它给驾驶员提供所关注的任务执行情况和飞行状态参数，并驱动执行机构操纵飞机改变飞行姿态或发起攻击。这三个要素以循环迭代的方式进行，循环周期的长度应以满足实时任务运行的性能要求为依据，总过程如图 1-2 所示。

图 1-2　组成 OFP 的三要素

2) 程序流程

航空电子综合化的特点是通过数据总线进行信息综合，因此，OFP 中应该能够反映出通过总线控制和数据转换达到功能综合目的的方法，OFP 分为执行软件和应用软件两部分。图 1-3 表示了 OFP 工作流程框图。

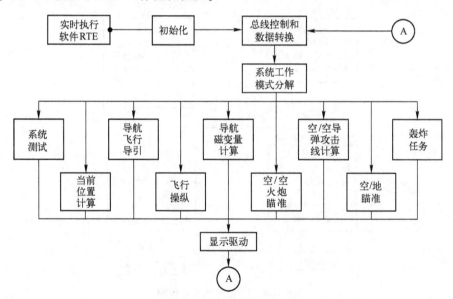

图 1-3　OFP 工作流程框图

由图可见，OFP 初始化后，即进入总线控制和数据转换功能模块，该模块经总线通信和数据转换得到了各个航空电子子系统的状态信息和反映飞行员意图的信息，随后进入系统工作模式分解模块。系统分析的目的是为实时执行软件(RTE)提供依据，RTE 通过分析飞行员任务和电子子系统的任务，调度组织相应的导航/火控工作任务模块，最后是一个显示和驱动功能模块，为驾驶员提供他所关心的数据参数和图像，并由各模块子系统执行飞行作战驱动。流程图由显示驱动模块出口，又返回到总线控制和数据转换工作模块，以此循环运行。

2. 执行程序

1) 程序功能

OFP 的核心部分是实时执行程序，如图 1-3 所示。由于 OFP 流程中的各个功能模块具有动态性、并发性、任务的确定性和程序容量的有界性，因此 RTE 要正确地处理各个任务间的通信和同步，完成任务模块的调度和管理，激活或挂起有关的任务，及时处理程序的中断等。从这个意义上讲，除缺少存储器管理、计算机管理和文件管理这三点外，RTE 就是计算机实时操作系统的内核。

RTE 的原理是将航空电子综合的总任务分解成若干个彼此松散耦合的子任务功能模块，每个子任务完成一个单一的或一组互相联系的功能，RTE 通过调度、中断处理等方式使各个子任务功能模块实时动态的运行。RTE 的顶层流程如图 1-4 所示。

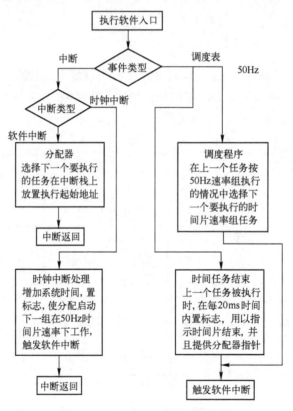

图 1-4　RTE 的顶层流程图

RTE 的任务是初始化后启动程序的执行，以固定的执行速率调度有关的任务功能块，并将其组织到总任务中，根据工作特征的变动情况激活或挂起相关的任务，处理实时时钟，对每一种中断源进行服务，监视程序执行并记录可能出现的程序错误。

2) 程序流程

图 1-5 表示了 RTE 流程的进一步细化,除了内部功能外,还通过特殊定义的原语与应用任务模块接口。图中虚线框表示 RTE 本身,实线框表示应用任务(用户)功能模块。

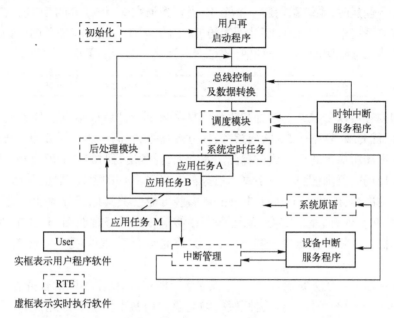

图 1-5 RTE 工作原理图

3) 程序特点

RTE 的一个主要特点是有严格的时间限制,对每个应用模块来讲,从信息的接收、分析处理到发送的全过程必须在规定的时间内完成,这也要求系统的一切活动都必须在一个严格的定时程序控制下运行。在 RTE 中,中断信号对系统具有支配作用,任务和任务调用是 RTE 的核心,任务调用又可称为计算机管理,主要作用是接收中断信号,并在任务间分配通信设施,从而实现无间断的多任务虚拟机器,每个任务都可以在各自的虚拟机器上运行、终止和恢复运行,并和其他任务通信。

4) 管理与控制

(1) 任务状态。任务有以下三种最基本的状态:运行、就绪和等待,如图 1-6 所示。

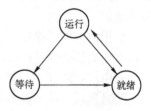

图 1-6 任务状态图

运行状态是指任务正在使用计算机时所处的状态,这时,处理机正在运行该任务的程序。显然,在一个单处理机的系统中,只能有一个任务处于运行状态。就绪状态是指任务具备了运行的条件,但由于没有使用处理机而不能运行时所处的状态。一旦调度程序选中了该任务,任务就由就绪状态改为运行状态。

等待状态是指由于某种原因使任务不具备运行条件时所处的状态,此时,它必须等待某个事件的结束才可能具备运行条件。例如,当两个任务竞争使用同一资源时,没有占用该资源的任务便处于等待状态,它必须等到该资源被释放后才可以去使用它。引起等待的原因一旦消失,任务就转为就绪状态,以便在适当的时候投入运行。

不同的任务可以处于不同的状态，但是在任何时刻、任何任务都处于且仅处于某一状态。

(2) 任务控制块。任务控制块(TCB)是任务存在的唯一标志，它描述了任务的基本情况。当任务创建时，系统就创建一个TCB；当任务消亡时，该任务的TCB就被撤销。在航空电子综合系统中，所有任务都是预知的、确定的，因此一般没有任务的撤销，只有在任务出现故障或功能降级的容错设计中，才可能用到这一概念。下面表示一个简化的TCB。

| 任务号 | 优先级 | 任务状态 | 队列指针 | 任务现场 |

TCB的内容可以分成调度信息和执行信息两大部分。调度信息供任务调度时使用，包括任务号、优先级、任务状态、队列指针、任务现场等，它们描述了任务当前所处的状态。执行信息即现场所描述的任务运行状况。原则上，任务运行时涉及的所有寄存器、存储区域等都属于现场的范围，但是，由于每个任务都有自己专用的存储区域，其他任务运行时不会改变它的内容，因此TCB中往往只记录那些可能会被其他任务改变的寄存器，如程序状态字(PSW)、时钟、基址寄存器、运算寄存器等。当任务运行时，TCB中执行信息的内容可以和机器实际寄存器的内容不同，一旦终止运行时，必须把终止时刻的内容记入现场。

(3) 任务通信。任务是RTE中可以独立运行的单位，由于不同的任务处于同一系统中，它们之间又不可避免地会有某种联系，如竞争使用共享资源。因此，任务间必须互相协调，彼此间交换信息，这就是任务间的通信。任务间的通信有多种方法，如设置临界区，信号量和P、V操作，高级通信原语等。此处，仅介绍任务管理中使用的邮件和信箱两种方法的基本思想。

所谓邮件是指一个数组或一种数据结构，其物理形式是在内存的若干连续单元中存放的数据。邮件包含以下几个要素：通信者信箱号(标识符)、数据长度、数组及数据存储区的指针。在RTE中通常使用无缓冲区的通信，又称为消息传送。语句Send(任务名,变量名)表示把信息放入指定的变量，当某个任务执行到Send语句时，若指定的任务也已到达Receive语句，则立即完成消息传送；否则等待，直到该指定任务执行Receive语句为止，反之亦然。使用这种方法进行任务间的信息交换，被称为利用高级通信原语实现任务间的通信。

使用信箱可以使通信的任务并不直接接触，从运行的观点看，它们是异步的。采用信箱可以使通信处理过程标准化，也为任务的数据驱动提供了方便。

使用信箱的方式有两种：一种是通用的；另一种是专用的。采用通用方式时，每次使用信箱时须从信箱资源中申请一个信箱，用完后归还。如果没有空信箱可供取用时，任务就要等待。这种方式的特点是资源利用率较高，但信箱资源设置多少需慎重考虑，并且控制过程复杂。专用信箱方式则简单得多，其思想是每个任务拥有与之对应的专用信箱，用以接收其他任务发来的邮件，任务只能从自己的专用信箱里取得所需的数据。信箱的信息定义项一般有以下几项：信箱标志符、标志、状态、链接字、数据区指针、长度等。RTE中通常采用专用信箱方式。

(4) 任务管理。任务管理涉及现场管理、队列管理、原语管理、任务调度、中断接收等内容。

现场管理:包括保护现场和恢复现场两项工作。当任务由运行状态变成其他状态时,必须保护运行现场,以便在适当的时候或条件具备时该任务能恢复运行。由于需要保护的现场内容较多,因此必须注意保护的次序。同样,恢复现场也要注意恢复的次序。

通常,现场保留区只设一种,但对于有多级中断的处理器,现场保留区也要设置多种。现场管理程序涉及的主要数据结构就是 TCB 中的现场保留区。

队列管理:RTE 内设置了一个运行队列、一个就绪队列和若干个等待队列。原则上,系统中等待队列的个数取决于等待原因的数量。队列中的元素是任务控制块,每个队列都有一个队列指针,指向队首元素的 TCB,TCB 中的队列指针指向队列中下一个元素的 TCB。

队列管理的内容涉及从指定对列中取出队首元素,将任务插入指定队列,以及对队列的维护等工作。插入队列的工作可分为排入队列末尾和按优先级插入队列中间两种,队列维护涉及优先级的维护。

优先级的确定有三种方式:静态、半静态和动态。静态优先级是指事先确定任务的优先级,在任务运行过程中,优先级不发生任何变化。系统任务的优先级由设计者确定,而用户任务的优先级都由用户确定。半静态优先级主要是指用户任务的优先级不是完全根据用户自己的要求而确定,而是由系统根据用户申请的资源情况按某种算法确定,确定后不再变更。动态优先级是指任务的优先级在任务运行过程中可以变更,例如,根据任务的运行时间和等待时间,从系统工作模式和系统定时要求出发,把运行时间较长的任务的优先级适当降低,把等待时间较长的任务的优先级适当提高,以满足不同工作模式下的任务执行的实时要求。

原语管理:解决任务间的同步和互斥问题,它涉及改变任务的状态、修正任务的排队状况、管理信号量变量等。任务执行原语时会引起中断,经过中断接收而进入原语管理中相应的解释程序。

任务调度:即处理器调度,主要功能是确定任务在何时获得(或被剥夺)处理机,对获得处理机的任务,通过改变任务的状态或从就绪队列中摘除该任务,调用恢复现场程序使其投入运行。对需剥夺处理机的任务,则将其排入相应队列后再确定获得处理机的任务。

任务调度的方法基本上可以分成两类,即抢占算法和非抢占算法。非抢占算法是指一旦某个任务获得了处理机,除非由于任务本身的原因(如果资源要求未满足)不能继续运行,否则不再转交处理机。而抢占算法则可在任务正在运行时迫使其进入就绪队列,然后选中另一任务投入运行。

中断接收:中断是进入 RTE 及其核心的唯一入口,调用命令和原语的执行都会引起中断,所以从这个意义上讲,中断是激活 RTE 的唯一手段。当中断发生时,应首先保留运行任务的现场,然后分析中断原因,转向相应的处理程序。例如,由于某个任务执行原语操作而引起中断,可以调用原语处理程序来加以处理。如果由于任务执行系统调用而引起中断,可以调用相应的处理程序或启动某个系统任务加以处理。在这个意义上,也可以把中断接收看作是 RTE 的入口程序。

一般来说,任务和处理机管理所解决的问题范围是:当一次中断发生后到下一个任务运行前应解决的问题,即中断善后处理和确定下一个任务的运行,它相当于解决了两次中断间的处理机分配问题,所有的程序都是在屏蔽中断的情况下运行的。

3. 应用程序

1) 总线控制模块

由图1-3所示的OFP工作流程图可见，总线控制模块和数据转换是一个非常重要的模块，大多数航空电子的多路传输系统是按固定的时间表进行工作。如前所述，由于时间调度的要求来源于功能所允许的最大和最小的时间间隔以及执行一个任务所需要的时间，因此通常把最低的迭代率作为大周期，最高迭代率作为小周期加以定义。小周期通常是周期性数据传输中最快的频率。在一个大周期内，所有的周期性数据至少被传输一次，所有周期性的计算也至少发生一次，一般大周期长度是小周期的2^i倍。如果大周期长1s，小周期长1/64s，每一个周期性的信息在大周期中，最少出现1次，最多可达64次。如果任务处理需要每秒出现8次，它就必须出现在每隔8个小周期上。每一个消息出现的小周期的位置编号称为相位，表1-1的消息频率表明了在一个大周期中信息传输发生的次数与周期、相位的关系。

表1-1 消息频率表

每个大周期传输次数	信息传输周期	可能出现的相位
1	64	1,2,3,…,64
2	32	2,4,6,…,32,…,64
4	16	4,8,12,16,…,32,…,60,64
8	8	8,16,24,32,…,56,64
16	4	16,32,48,64
32	2	32,64
64	1	1

总线控制和数据转换模块管理是数据总线信息流通的全部活动，由此模块执行的任务是数据传输系统的初始化、传输处理、传输错误恢复和内部与外部数据表达格式间的转换。

由于总线控制和数据转换模块的具体流程与航空电子综合系统的全局配置方式关系密切，又由于在设计中可选择不同级别的功能部件来支持总线控制的功能，因此，此处仅对典型工作方式下的顶层设计原则作一般性的介绍。

此处涉及的总线控制器是按固定的方式工作，它被安排到"激活"的中心计算机中，"备援"的中心计算机不直接参与数据交换，而仅仅是监视数据总线交通信息，起远程终端的作用。

在中心计算机开机加电后，总线控制器接口部件将进入自检测例行程序，如果检出一个故障，它就通知CPU，CPU将采取相应的动作，即置位输出一个"状态"离散量信号，并且停止指令运行。当确定"好"状态时，该总线控制的接口部件将检查一个专用的标志信号，用以确定中心计算机进入"激活"还是"备援"的工作状态。上述的专用标志信息驻留在一个专用的存储器单元中，总线控制的顶层流程如图1-7所示。

由图1-7可见，在右端的非中断的支路中，按几个固定的速率组织数据总线通信和数据转换处理，其中在最低的循环速率(1.56Hz)上，完成对控制键/钮等子系统状态信息的调查和了解，然后根据模式分解模块的需要，调整总线通信的I/O驱动次序，使得总线

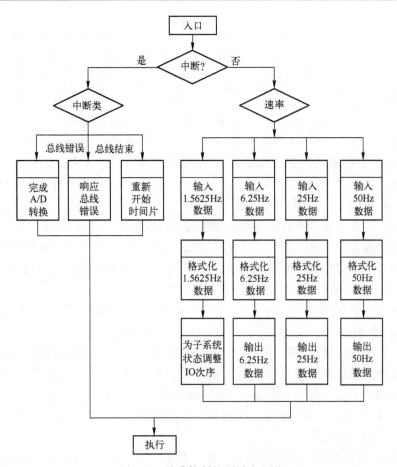

图 1-7 总线控制的顶层流程图

通信能够很好地与下一个任务模块的工作相匹配。由此也可以看出,对系统中一些控制和状态信息所作出的反应时间还不足 1s,这对于战术飞机这类的系统,速度是足够用的。

(1) 传输处理。正常的传输处理需要对每个连接到数据总线上的设备建立一个总线控制器传输表,数据总线上的数据交换按此表的指示进行。表 1-2 表示某一飞机上的消息传输表,在该飞机的数据总线上,除了挂接中心计算机外,还有大气数据计算机、惯导设备、雷达、平显、导航键盘、一号接口部件。表 1-2 中所列的数据可以作为这类综合系统的数据传输、交换代表性的数据参数。

表 1-2 典型的总线控制器传输表

设 备	地 址 TA	子地址 TSA	频率/Hz	字 数	
				收	发
一号接口部件	2	16	50	—	6
		17	10	8	12
大气机	3	16	50	2	13
惯导设备	4	16	50	9	23
雷达	6	16	50	5	5

续表

设备	地址 TA	子地址 TSA	频率/Hz	字数 收	字数 发
导航键盘	7	16	—	32	—
		17	50	26	11
平显	10	16	50	32	2

由表 1-2 可见，较高的数据传输率是 50Hz，因此基本的传输序列（小周期）占 20ms，而较低的传输频率是 10Hz，为 100ms。在此系统中，完全的信息交换是每 100ms 发生一次，在 100ms 中，将有 5 次 50Hz 的消息传输。

（2）接口要求。正常的传输处理模块和数据转换都要被综合到 OFP 结构中，OFP 将通过管理它的数据库去执行每一个任务，其数据库是每个 OFP 组成元素所共享的存储器部分。要尽可能地避免模块间的直接接口，总线控制段的接口表应该与数据转换模块不同，它们的定义应以软件变量的形式用表列出。

总线控制器和数据转换的功能一般有基本的 100Hz 的重复速率，也就是说，以每 10ms 一次的速率加以激活，并执行所要求的传输/转换数据任务。

总线控制和数据转换功能软件要根据 OFP 软件的要求和限制进行设计，由于 OFP 这个程序段有苛刻的效率要求，因此要维持程序的结构化和模块化，大多采用低级语言，如汇编之类的编程方法。为了适应每一个所要求的变化而又不要求修改主程序，并且容易实现错误隔离，数据转换模块将基于表处理的形式运行。

2）数据转换模块

如上所述，数据转换和总线控制是一个非常重要的模块，从图 1-3 可以看出，二者被集成一个模块，共同完成对总线上传输数据的处理和数据的转换功能。

在每一个消息序列完成后，数据转换程序将检查由上帧消息传输所实时修正的输入缓冲区，并转换所有正确接收到的消息，然后查找到下一帧消息序列并转换成相应的参数，使之进入到每个相应参数的输出缓冲区中。对数据转换模块，不要求数据的实际详细描述，它只提供对于被处理参数的准确格式整理。例如，整理布尔变量进入单位数据，并且将存储形式的字送到目标地址中。此程序将要求一个表格把相关的信息存入顺序块中，该表格反映接口控制文件（ICD）中所定义的数据信息。

3）初始化模块

由图 1-3 可以看出，与总线控制和数据转换模块相连的还有两个模块，即初始化模块和模式分解模块，此处对之作概要的叙述。

系统初始化软件完成以下三个基本任务：

（1）定义每个设备所要求的专用初始数据集，该数据集要发送出去并在以后的执行中起作用。

（2）产生系统工作模式分解模块要求的一些定义值，这些值将在系统转换到正常的工作模式时起作用。

（3）完成其他软件模块所要的附加初始化的任务。

应强调指出，在中心处理机加电后，存储器的随机存储器部分要被清零，对每个助记符变量要置"0",对每个布尔量设"假"。这样,对任务要求不同于"0"和"假"数值的参数都要在不同的段中加以设置。中心计算机存储器的非易失性的部分将不被清零,并且将保存飞行前的任务数值。

系统初始化软件将监视飞机的状态,特别是判断飞机的起飞,如果飞机离地起飞,就结束初始化并进入正常工作模式。飞机的状态可以通过监视惯导设备和大气数据计算机的真空速状态来确定,当惯导进入导航工作方式或真空速成为有效时,即认为飞行离地起飞,在这一时刻,初始化软件将执行 OFP 中的 RTE 程序。

为了清楚起见,应把只发生一次和周期性产生的初始化作用分解成两个独立的模块,只被执行一次的初始化模块将在 OFP 的周期性工作启动前完成,而周期性的初始化模块的基本迭代率是 50Hz。

4) 工作模式分解模块

系统在完成初始化工作流程后,进入正常工作模式时,工作模式分解模块将管理航空电子系统的工作状态,提供其他用户模块所需的变量并协调它们的工作。

此模块是一个很重要的工作模块,它以有关的驾驶员控制意图的信息为依据构造相应的软件活动,因此必然涉及飞行任务中各个飞行剖面的工作定义。我们可以把主要的飞行任务划分成以下几种。

(1) 上升和搜索:拦截后,进入空/空作战状态,共需 20s 时间(与飞行性能有关)。

(2) 空/空作战工作模式:根据武器的选择启动雷达空/空跟踪图像,计算瞄准十字叉线,计算最大和最小发射距离和产生控制提示等。

(3) 空/地武器投放:在选定地面目标后,计算弹道释放时间,发射或投放包线数据,发出释放脉冲,最后上升逃逸。

(4) 降速下降:这是进入低空穿透的预备动作,要进行时间控制、系统检测、威胁监视等,然后再下滑。监视器自动地调整下滑,进行速度控制,还可以加上必要的手动操作控制。

(5) 低空穿透工作模式:此阶段用于穿透敌方防线,需要地形跟踪、威胁躲避,并正确地导航至预定的导航路点。

(6) 导航模式:导航工作是作战飞行最基本的任务,即使在丧失作战能力的情况下,飞机也必须能安全返航,一般有惯性导航、无线电导航、卫星导航以及近程导航(TACON)几种方式。在惯性导航中要完成以下几项工作:选择/计算最佳可用的导航数据,对预先存储器的路径点进行计算、操作,完成速率和位置的实时修正,完成目标标记,计算距离、飞行航向、飞行航线,并计算所选定的航路点和 TACON 脉冲操作误差。

在工作模式分解模块中,一般有两个工作循环频率不同的子模块,分别工作于 10Hz 和 50Hz 的频率上,较低工作频率的工作模块如图 1-8 所示。此工作模块的功能是从有关人/机接口控制部件上获取人工手动选择的工作意图并对选择的合理性进行分析,然后通过人/机接口中的有关显示部件向驾驶员显示,反映系统对方式选择的有效性。如无效,驾驶员必须改变控制组合。

图 1-8 较低工作频率的工作模块

工作在50Hz循环频率上的工作模式分解模块如图1-9所示,首先对航空电子综合系统中的设备进行可用性计算,各个设备都用一个专门的逻辑变量表示有关的参数是否可用。第二步是划分导航和攻击的模式,其中导航可分为惯性导航、无线电导航两类,攻击方式可分为空/空火炮、空/空导弹、空/地火炮和空/地轰炸等。第三步是计算有效操作方式,主要是对控制变量的计算。当系统进入攻击状态时,就退出飞行引导。第四步是计算传感器的可用性,即确定雷达搜索、跟踪锁定状态、雷达高度表可用和气压高度表可用等参数。在完成上述四步计算后就进行模式分解的计算,最后进入各个对应的计算模块,如雷达空/空模式控制、传感器计算、连续计算攻击点(CCIP)/连续计算投放点(CCRP)的分模式计算、角度/方位传感器计算、武器组合计算、在航路点固定过程中的雷达距离计算和固定方式计算等。

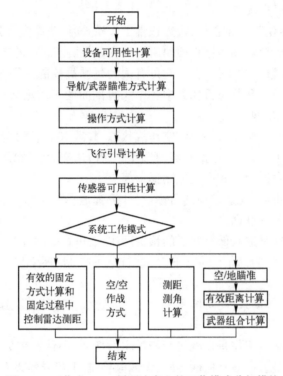

图1-9 工作在50Hz循环速率上的工作模式分解模块

5) 显示驱动模块

显示驱动模块主要提供飞行员的观察参数,它将产生一个被要求的输出参数,对于不同的显示这个参数一般是专用的。对此模块不要求模式调整,但是要求这个模块能实现完整的接口。

显示驱动模块也是周期执行的,其最大运行周期必须与飞行符号的显示周期协调,姿态显示和有关的武器安全性措施计算的周期是20ms,其他所有的计算周期是10ms。

在显示模块中,按照导航模式和作战模式作出逻辑上的划分。

(1) 导航工作模式显示。主要包括飞行符号位置显示、飞行姿态显示、路径指示显示、航路点固定管理显示、超过航路点计算高度并显示。

(2) 作战显示。为了使飞行员在攻击阶段中能安全地飞行,需要提供以下显示。

雷达图表显示:显示目标、目标位置、空/空武器发射提示、武器状态等,这些显示安置在雷达视频板上。

重叠在前向红外观察板上,包括飞机飞行状态、按钮等符号显示。

激光吊舱跟踪器和命中照相显示。

空/地攻击的目标显示、飞行状态、武器状态、投放或发射提示信号显示。

拉起提示、拉起符号位置、攻击最小距离显示。

6) 接口控制文件

接口控制文件(ICD)包括了对航空电子接口信号的要求,这些接口信号主要是指通过数据总线在航空电子设备之间互联的信号,它满足了电子和功能互连。该接口仅仅是在设备级别上的反映。

1.3 机载总线结构与控制

从概念上讲,航空电子综合化是一种计算机联网技术,然而它又不同于一般的计算机网络,因为一般的计算机网络是要解决用户对网络资源的共享问题,其主要目的是试图解除地理上的约束,解决通信容量和负载均衡问题。而用于飞行器(飞机、导弹)上的计算机网络,除了各个计算机都嵌入到电子子系统之中以外,它既要满足各个功能子系统(如惯导、火控、通信、电子对抗)的实时性要求,还要通过信息交连达到功能综合的目的。它特别强调通过严格的故障检测和提供可代替的资源(软件和硬件的冗余度)以达到高的可靠性、残存性和容错能力。图1-10表示了在一个先进的飞机中,典型的航空电子综合局部网的配置情况,图中各个电子子系统(远程终端)和主子系统(总线控制器)中都有计算机,这些计算机是用1553B数据总线互连在一起,共同形成一个信息共享和资源共享的航空电子综合系统。在早期计算机网络结构中,总线型结构最适合于航空电子综合化系统中。它的复杂性不高,而模块性优良,很适宜做成标准化的接口组件,可用大规模集成电路实现;它的容错性好,可以使航空电子综合系统获得高的可靠性;它的可扩展性使得可以灵活地在总线上增加或删除智能节点,以适应于飞机或航空电子设备改进或改型的需要。因此,至今为止它是在飞机中主要使用的联网结构。

从广义上讲,航电系统是利用计算机和数据传输总线把机载的各电子设备综合成一个有机的整体,实现整个航空电子系统综合控制管理、综合显示、综合信息处理并通过总线集中传输控制命令、数据与状态信息。对其要求是充分合理地利用全系统的软硬件和信息资源,减少设备浪费;综合使用系统内的设备,某些设备的功能(特别是管理、控制和信息处理功能)可以互为余度,提高任务的可靠性;充分发挥计算机完成综合管理、综合处理和综合显示的作用,减轻飞行员用于管理设备和判断、处理事件的工作压力;软硬件实现模块化与标准化,便于系统的维修与更新。

数据总线的拓扑结构确定了航空电子设备中各个电子子系统互连的网络映像,也体现了航空电子综合系统中各个关联的部件(控制器、传感器、着动器)通过数据通路联系的相互关联性。数据总线系统拓扑结构的描述是由系统中各数据总线的分解程度和总线的层次级别决定,主要分为两个类型:单层次总线结构和多层次总线结构。

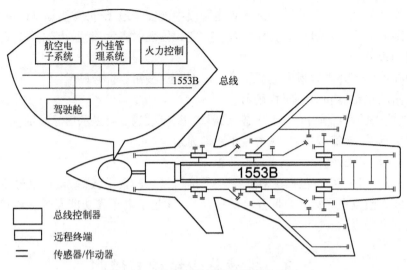

图 1-10 典型的机载计算机系统配置

1.3.1 单层次总线结构

单层次总线结构是一种最简单的总线拓扑结构,在这种单层次总线拓扑结构中,所有的电子分系统都是通过相同的总线互相连接的。

三代飞机典型航空电子系统拓扑结构如图 1-11 所示。其中火控计算机为系统的主控机,惯性导航计算机为备援机,主控机出现故障后自动切换控制权。

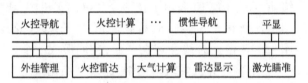

图 1-11 三代飞机典型航空电子系统拓扑结构

1.3.2 多层次总线结构

多层次总线拓扑是单层次总线的自然扩充,有以下两种基本类型。

多级总线的同级控制:这种拓扑结构可以在航空电子的武器系统中看到,其中若干个单级总线结构用于不同的功能。例如,B-1 飞机上的多路总线拓扑形式,它是由三个单级总线交连而成,互连的唯一目的仅仅在于数据的相互交换,而各个单级总线中所连的系统能独立的工作,其控制的级别相同。

单级总线的多层次控制:这里的多个单级总线拓扑之间的相互性表现出一种层次的控制关系,这种不平等的关系如图 1-12 所示。

全局总线:它是最高的控制权拥有者,有控制其下级局部总线的权力。

局部总线:相对于全局总线而言,它属于下级,服从全局总线的命令。很显然,这种多层次控制的总线结构中,介于全局总线和局部总线之间的智能点(如图 1-12 中的功能 2、4、6 节点),它们既要接受上级总线的控制命令,还要按其指挥控制下级总线的工作,其上、下级总线间的信息传输是不透明的,其变换规则由层次型总线的数据传输规则决定。

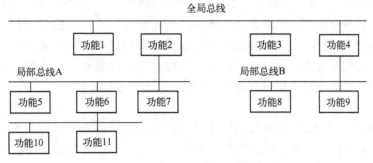

图 1-12 多级总线层次控制拓扑

1.3.3 总线控制方法

在进行航电系统设计时,总线信息传输控制方式可以采用如下两种方式。

1. 固定的主控端方式

在固定的主控端方式中,总线主控制器是相对固定的,除非主控制器出现故障,它不能把控制权授予其他控制源。当主控制器发生故障时,依靠冗余技术,一个备援总线控制器立即担负起总线的控制任务。所以,当这种控制方式应用于单级总线系统结构时,系统中除使用一个主总线控制器外,还必须同时指定一个备援总线控制器。如果应用于多级总线结构,则对每一级数据总线,都必须指定主总线控制器和备援总线控制器。

2. 非固定的主控端控制方式

在非固定的主控端方式下,每一级总线中,有多个担任总线控制任务的总线控制器。但是,这些总线控制器并非同时执行总线控制任务,在同一时刻,只有一个总线控制器执行总线控制任务,该控制器称为当前总线控制器,其他总线控制器称为潜在总线控制器。通过一定方式,控制权会从一个控制器传递给另一个潜在总线器。非固定的主控方式又可分为循环获取式(round robin)、轮询式(polling)、令牌传递式(token passing)和随机竞争式(pure contention)四种。

1) 循环获取式

在这种总线控制方式下,系统对每个总线控制器,根据工作需要,赋予一个固定的时间窗口,各个总线控制器只有在为其分配的时间窗内才被激活,成为当前的总线控制器。在此时间窗以外的时间,则是一个潜在的总线控制器。在有效的总线控制状态下,系统的控制权将按事先排定的工作顺序表进行传递,各总线控制器便依次循环地获得总线控制权,故称为循环获取式。获得总线控制权的总线控制器,成为当前的主总线控制器,它通过内部时钟电路,向其他节点发出一个定时信号,使各节点工作保持同步,从而达到系统的同步工作。循环获取式的缺点是:随着连接到总线上的潜在总线控制器数目的增多,数据延迟将会大大增加。如果每个潜在控制器所分配的时间窗(称为小周期,相对于此,每一次控制权轮转时间间隔称为大周期)不等,则会使系统设计复杂化。若为了简单设计,将每个小周期规定为相等,又不能反映各个潜在控制器对总线的实际需要,有可能在某些小周期中某些潜在控制器不需要信息传送,因此将造成总线带宽的浪费。

2) 轮询式

轮询式的特点与循环获取方式不同,在这种控制方式下,当前总线控制器完成了它自己的控制后,对各个潜在的总线控制器按照其优先级进行轮流的查询,因此,总线控制权总是传递给优先级最高,而又有总线要求的潜在总线控制器。而原来激活的总线控制器一旦让权以后,就成为潜在的总线控制器。这种控制权传输方式需事先约定总线控制器的优先级,增加了优先级信息表结构和计算优先级的开销。

3) 令牌传递式

令牌传递式的特点是:控制权的转移是随着令牌的传递来实现的。潜在总线控制器只有在接收到令牌以后,才能成为当前控制器。每个潜在控制器的工作程序分为两大部分:第一部分是数据采集,并与旧数据对照,进行设置标志的例行工作程序。第二部分是在收到令牌,成为当前总线控制器以后,就根据标志状态进行处理。若标志指出有新数据,就把新数据发送出去,然后将令牌往下传;如果标志指出无新数据,则简单地将令牌传递给下一个潜在的总线控制器。于是,总线上的各个节点将依次循环地工作,成为一个逻辑环路。由于这种控制模式总是依照各个节点根据自身采集数据的活动性来参与总线控制,进行有效的数据传输,可避免任何数据不必要的重复性的传输,因而能使总线带宽得到了合理的利用。每个令牌含有下一节点的地址编号,由于每个节点只持有唯一的地址编号,在一个环中,只有接收到与自身地址编号相同的令牌的节点才被允许使用总线,因而保证了总线网络中任一时间发信节点的唯一性,消除了各个节点对总线资源的同时争用。以 TA-7 飞机为例,根据整体功能的布局,该飞机第 3 号终端(节点),担负着采集平视显示器(HUD)的误差信号、水平位置显示(HST)的误差、路程解算器、水平位置显示标志、战术空中导航系统(TACON)等数据的任务。因此,3 号节点的数据扫描采集子程序便如图 1-13 所示。从图中看出:此程序完成该节点处数据刷新和置数据活动标志位的功能。该节点的发送数据程序的功能是:当该节点收到来自其他节点的令牌后,便成为活动的总线控制器。它将查询本采集数据的活动性标志位,对置 1 的数据进行发送数据的服务。第 3 号节点的发送子程序流程如图 1-14 所示。令牌传递式也存在着某些缺点,如果环中的某一节点发生故障,会引起环路断裂,以致造成令牌丢失。为了确保整个系统运行可靠,要在诸节点中指定一个值班节点和一个备援节点。在系统初始化时就对此加以确定。值班节点发行系统的第一个令牌,并补发丢失的令牌。备援节点的作用是:一旦发现值班节点失败,则取而代之。

4) 随机竞争式

在随机竞争式模式下,局部网络上无论哪一个节点有要被发送的消息,都要去访问和控制总线,从而引起竞争。由于想访问与控制总线的节点之间存在竞争,就不能保证一定获得访问和控制权,因此在任一时间内,节点赢得对总线的实际访问的概率总是小于 1。最通常的随机竞争式是采用冲突检出载波敏感多路访问技术(CSMA/CD)。数据总线上的节点,通过监视总线的能量水平或平均电压来检测出是否有总线活动。一旦检测到总线上没有其他消息活动,就可以立即送出它的信息。一个消息一开始传输就使总线出现活动性,并封锁了其他节点,直到发送节点从接收节点检出消息接收应答信号为止。此后,总线又可为其他要求访问总线的节点所享用。这期间,还是有可能发生消息冲突的。例如,节点 1 企图发送一个消息到节点 5 去,因为总线上有传播延迟,很可能节点 4 在它

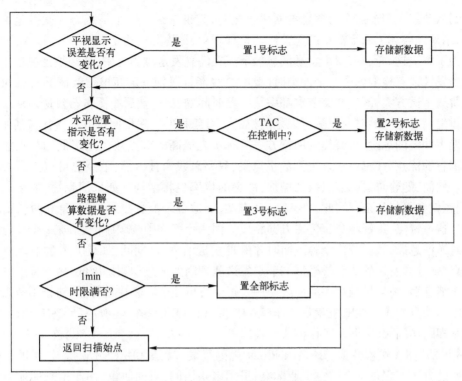

图 1-13 数据采集子程序流程

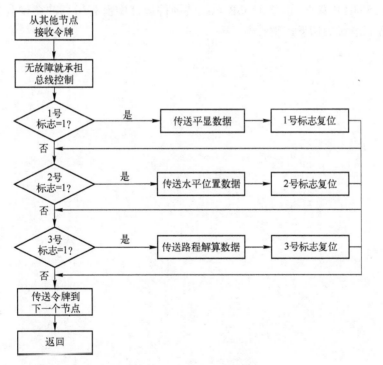

图 1-14 发送子程序流程

感受到从节点 1 到节点 5 的消息占据总线之前,它也发送了一个消息。这就引起了消息冲突,结果是破坏了两个消息的完整性。这种现象,称为总线堵塞。

为了解决这一问题,每个发送消息的节点在消息发送过程之中,还必须监视总线上能量。当发送节点检测到了一个冲突时(此时总线能量级别一定高出正常情况),就执行一个退避或重试方案,两个冲突节点都中止一段时间的发送,然后企图再行发送。从检出堵塞到重发消息之间的时间间隔可以是随机的或可编程的。随机回避方案存在与其他消息再次发生冲突的危险,可编程的回避方案具有优先级高的节点较优先级低的节点能优先重发消息的优点。CSMA/CD 方案的优点是:只要总线未被占据,节点总可以立即去访问总线。然而,随着总线的节点数的增加,冲突的概率也将增加。如果消息短,消息的数目多,问题就会更加复杂。因此,CSMA/CD 方案,更适合于消息数量少、消息相对长的系统使用。这一特点,正好与令牌传递方案相反。因为令牌必须按顺序传送,在一个节点获得令牌发送消息后,就要等待令牌返回时才能再发送消息,这期间,如果介入的节点发送了长消息,则等候发送的节点势必增加节点发送队列内的消息积累。因此,令牌传递方案更适合于消息短、消息量相对多的系统使用。短消息可使令牌较快地传递,防止了节点发送队列中的消息积累。在随机竞争工作模式中,除 CSMA/CD 外,还有一种 CSMA/CA,即载波敏感多路访问/冲突回避工作模式。美国航空电子技术委员会(AEEC)在 1987 年 9 月 3 日提出的"多发送器数据总线 ARINC629 规范草案"就是采用 CSMA/CA 技术的数据总线联网的方法。它是一个航空工业标准,采用多路访问,双向协议,用于未来的航空电子系统部件之间的数字数据传输。具体内容请查阅有关资料,这里不再赘述。应该说明的是:在使用 1553B 协议时,由于 1553B 总线的硬件设计中没有信息冲突检测功能,因而不能采用随机竞争式的信息传输控制。

第2章 第三代飞机机载总线

第三代飞机的主要特点是飞机航空电子系统使用了多个智能设备实施控制和管理，设备之间通过机载数据总线实现信息传输及共享。具有代表性的成果是美国公布的MIL-STD-1553B及ARINC429总线标准，使用在军用J-XX、F-16、F-18、B-52、AH-64、Cy-27、Cy-30、Cy-35以及民用B-747、B-757、B-767、A300、A310、A320、A340等多种飞机上。三代飞机总线技术经过改进也在第四代飞机中发挥了局部连接的作用。

使用多路数据传输总线的目的是解决航空电子系统中各子系统设备的信息传输及信息共享，提高航空电子系统的可靠性、灵活性和可扩展性，降低航空电子设备的寿命周期费用。

2.1 MIL-STD-1553B 数据总线

MIL-STD-1553B总线全称为"飞行器内部时分命令/响应式多路数据总线"(aircraft internal time division command/response multiplex data bus)，它是由美国自动化工程师协会(SAE)的AE-9E委员会在军方和工业界的支持下，于1968年决定开发标准的信号多路传输系统，并于1973年公布了MIL-STD-1553标准。1978年发布了MIL-STD-1553B标准，之后有少量的修改和补充。这个标准规定了飞机内部数字式总线的技术要求，它包括数据总线和总线的接口，同时也规定了对多路总线的操作方式和总线上的信息流格式，以及电气要求和功能构成。我国与之对应的标准是GJB289A—97，俄罗斯对应的标准是ГОСТ 52070—2003，北大西洋公约组织对应的标准是STANAG3838 AVS。由于具有可检测性好、可靠性高以及综合性能突出的优势而得到普遍承认，成为一种国际性的航空航天总线标准。目前在军用飞机上得到广泛应用，如F-16等三代战机中作为主总线，而在F-35等四代战机中作为辅助总线。除此之外也在战略战术导弹、卫星、航天飞机、军舰和坦克等很多方面应用，但1553B总线至今还未见到在民用飞机上采用。这并非是1553B总线技术不适用民用机的要求，而是由于技术、安全和价格等因素而未被采用。

协议标准明确规定了1553B多路传输数据总线通信网络的系统构成、连接方式、电气特性、工作模式、控制方式、响应规程、字的类型、消息格式、系统管理以及测试准则等。

2.1.1 总线特征

1. 基本结构

1553B总线可以挂接三种类型的设备，它们分别如下：

（1）总线控制器(BC)。在总线上唯一被指定执行启动信息传输任务的设备，它发出数据总线命令，参与数据传输，接收状态响应和监视系统的状态，对数据总线实行控制和仲裁。

(2)远程终端(RT)。用户子系统到数据总线上的接口,它在 BC 的控制下传输数据并对 BC 来的命令作出响应,既可以是独立的可更换组件,也可以包含在子系统内部。

(3)总线监视器(BM 或 MT)。监视总线上传输的信息或有选择地提取信息,以完成对总线上数据源进行记录和分析。除了接收对包含它本身地址的消息外(如果给它分配了一个地址的话),对其他任何消息均不响应。其得到的信息仅限于脱机应用,或者给备用总线控制器提供信息,以便于总线控制器的替换。

在任何时候一个总线系统中,只能有一个 BC,其他所有设备只能听令于该 BC,而且要在规定的时间内对 BC 的指令作出响应。1553B 总线结构如图 2-1 所示。

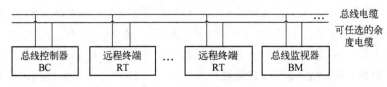

图 2-1 1553B 总线结构

2. 基本特点

(1)分时多路复用传输方式。对多个信号源的信号在时间上错开采样,形成一个组合的脉冲序列,实现系统中任意两个设备间相互交换信息。

(2)多设备。系统由 BC、RT 和 BM 组成,总线可带 31 个终端,每个终端可带 30 个子系统。

(3)总线上信息具有两种传输方式:一般方式的信息传输仅在两个部件间进行;而广播方式则是一个部件发送信息多个部件接收信息。

(4)串行,异步,半双工。

(5)高速信息传送,速率为 1Mb/s。

3. 电气特性

总线通信介质包括双绞屏蔽电缆、耦合变压器、隔离变压器以及发送接收器等。

(1)双绞屏蔽电缆。根据 1553B 标准规定,主电缆和短接线电缆均应是带护套的。双绞屏蔽电缆其线间分布电容不应超过 100.0PF/m,每米应不少于 13 绞,电缆的屏蔽覆盖率应不低于 75.0%。电缆的特性阻抗在 1MHz 的正弦波作用下,电缆的标称特性阻抗 Z_0 应在 70.085Ω 范围内。在 1.0MHz 频率作用下,电缆的功率损耗不应超过 0.05db/m。主电缆末端应接一个 $(1\pm2.0\%)Z_0$ 的电阻器即端接器。电缆短接线要尽量短,一般变压耦合的短接线长度不应超过 6m,而直接耦合时的短接线长度不要超过 0.3m。

(2)耦合变压器。耦合变压器其匝数比应为 1:1.41±3.0%,较高匝数边在短接线隔离电阻一侧。耦合变压器的输入阻抗,当在 1.0V(有效值)的正弦波作用下,开路阻抗应大于 3000.0Ω。在 1.0MHz 频率时,耦合变压器的共模抑制比应大于 45.0dB。耦合变压器有单端、双端、四端等不同的形式。

(3)隔离变压器。1553B 标准中规定了有变压器耦合(外部耦合器)和直接耦合两种情况。隔离变压器为这两种耦合方式提供了总线连接,用 55Ω 的隔离电阻器作为直接耦合连接,变压器匝数比按总线连接方式的选择而定,变压器耦合和直接耦合的匝数不同,其目的是为了补偿外部耦合中信号电平的归约值 1:1.41 这种特性。允许两种总线连接

方式使用一个收/发器。由于收/发器的不同,选择的隔离变压器也不同,但基本的特性要考虑以下方面:

① 在高频段、提供特定的输入阻抗(1.0MHz 时终端输入阻抗是 1000Ω 和 2000Ω);
② 在低频段,保持波形的完整性和较低的倾斜百分比(250kHz 的方波不超过 20%);
③ 应使绕线间的电容达到最低限度,以便获得共模抑制。

(4) 发送接收器。发送接收器向终端提供了一个通向数据总线的接口,主要执行如下功能:

① 耦合总线信号;
② 输入来自总线的耦合信号;
③ 阈值检测;
④ 发送从编码器到总线的数据。

控制器和远程终端利用发送接收器来连接总线,而监控器终端只使用接收器部分,而不使用发送器部分,发送和接收器对不同的协议芯片可以是单独的,也可以是集成在一块的。

1553B 标准中规定了两种耦合方式:一种为直接耦合短接方式;另一种为变压器耦合短接方式。由于直接耦合不利终端故障的隔离,因一个终端故障将造成整个总线系统完全瘫痪,尽量避免在空中使用直接耦合短接线的耦合方式。所以在实际应用中只采用变压器耦合的方式。变压器耦合的短截线长度理论上不超过 6m,变压器耦合的终端输出电压的线间峰-峰值在 18~27V DC 的范围内。噪声线间有效值应不大于 14mV DC。变压器耦合的终端,应对峰-峰值在 0.86~1.4V DC 范围内的输入信号能作出正确响应。

2.1.2 数据格式

1. 编码格式

1553B 总线用的是双相曼彻斯特 II 型编码(manchester)。这种编码在每个码位中点处存在一个跳变,信号 1 是由 1 到 0 的负跳,而信号 0 则是由 0 到 1 的正跳。双相是指双极性,本身包含定时的信息,能与变压器耦合协调。曼彻斯特 II 型编码的形式如图 2-2 所示。

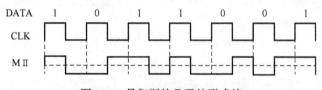

图 2-2 曼彻斯特 II 码的形式编

总线上传输的基本信息是字。有三种类型的字:命令字、状态字和数据字。每种字的长度为 20 位,包括 3 位同步头、16 位有效信息及 个奇校验位。

1) 命令字

命令字只能由总线控制器发出,用于通信联系及系统控制,格式如图 2-3 所示。

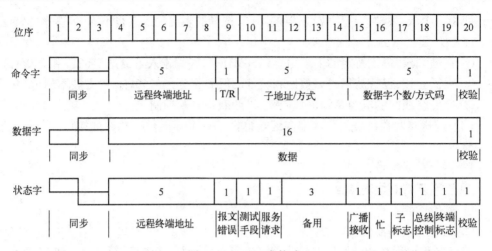

图 2-3　1553B 字格式

(1) 同步头。同步头宽度为 3 个位,表示字的开始时刻,并用于区分字类型。

(2) 远程终端地址。该字段有 5 位,用于指定接收命令字的远程终端地址。地址从 0~30,地址 31(即 11111)作为所有远程终端的公用地址,用于系统的广播传送方式。

(3) T/R(发送/接收)位。T/R 位表明指定接收命令字的远程终端应完成的操作。逻辑 0 是接收操作,逻辑 1 是发送操作。

(4) 子地址/方式字段。该字段有 5 位,用于指定远程终端的子地址,地址从 1~30,最多可以带 30 个终端(全 0 和全 1 不用于子系统的地址,而用于方式控制,此时后一字段将给出具体的控制命令码。有关方式控制的详细内容后面再给予说明)。

(5) 数据字个数/方式码字段。该字段有 5 位,用来指定远程终端应接收或发送的数据字个数或方式控制命令码。全 1 表示十进制计数 31,全 0 表示十进制计数 32。当子地址/方式字段的内容为全 0 或全 1 时,本字段的内容为方式控制命令码。

(6) 校验位。此位用于前 16 位的奇校验。

2) 数据字

数据字既可以由总线控制器传送到终端,也可以从终端传至总线控制器,或从某终端传至另一终端。数据字在通信中用于传输数据,格式如图 2-3 所示。

(1) 同步头。同步头宽度为 3 个位,表示字的开始时刻,并用于区分字类型。

(2) 数据段。数据段为 16 位的数据。

(3) 校验位。此位用于前 16 位的奇校验。

3) 状态字

状态字只能由远程终端发出,用于对总线控制器所发命令的应答,格式如图 2-3 所示。

(1) 同步头。同步头与命令字的同步头相同。由于传送方向相反,因此不会混淆。

(2) 远程终端地址。该字段为 5 位,为正在发送状态字的远程终端的地址。

(3) 报文错误位。该位为 1 表示在本远程终端所接收到的报文中有一个或多个字没有通过有效性测试(即上次通信中存在传输错误),0 表示信息无差错。之所以强调上次,是因为当前的通信过程中如果出现了数据传输错误,终端以不返回状态字作为反应,总线控制器通过记录反应时间来判断。此位为1时,只有在总线控制器发出专门的方式命令才能返回。有效性测试即判断信息有无错误,在1553B通信协议中作了如下规定:只有满足下列三个条件才是传输中无错误:第一是字有效,即同步头正确、曼彻斯特Ⅱ型编码正确、校验位正确。第二是信息有效,这是指在一次数据块传输中,命令字和数据字之间以及数据字之间在时间上是连续的。第三是命令有效,如命令字中的T/R位为0,是要求终端接收,命令字中的数据字个数应与实际接收的实际个数一致,是否有非法命令。

(4) 测试手段位。供总线监视器辨别命令字和状态字,此时状态字的此位为1,而命令字的相应位被置为0(此时对应的子地址降为16个)。

(5) 服务请求位。终端通知总线控制器,与之通信的终端有异步服务请求,服务请求项目多时,总线控制器需发出专门的方式命令(要求终端发送向量字),来识别具体的服务请求。

(6) 广播接收位。为1表示上一个命令是广播命令。

(7) 忙位。该位为1表示终端不能按照总线控制器的命令向子系统送数或从子系统取数。

(8) 子标志位。该位为1表示子系统有故障,调查故障具体原因需用方式命令。

(9) 动态总线控制接受位。总线控制权转移时,现行总线控制器发来"动态总线控制"方式命令,该位为1表示备用总线控制器已具有总线控制能力。

(10) 终端标志位。该位为1表示终端存在内部故障。总线控制器用"启动自测试"和"发送自测试字"方式命令处理。也可以用"禁止/废除终端标志位"方式命令弱化某一终端故障对系统的影响。

2. 方式命令字

方式命令字专门用于BC对通信过程或终端(或子系统)错误/故障的监控、诊断、控制和管理。当总线控制器发出的指令字中的子地址为全0(00000)或全1(11111)时,此指令即是方式命令,而具体是何种方式命令,则由在方式码字段中的5位数码具体指出,方式命令定义如表2-1所列。

表2-1 方式命令定义表

T/R 位	方式代码	功 能	带数据字	允许广播
1	00000	动态总线控制	否	否
1	00001	同步	否	是
1	00010	发送上一个状态字	否	否
1	00011	启动自测试	否	是
1	00100	发送器关闭	否	是
1	00101	取消发送器关闭	否	是
1	00110	禁止终端标志位	否	是
1	00111	取消禁止终端标志位	否	是
1	01000	复位远程终端	否	是
1	01001	备用	否	待确定
⋮	…	…	…	…

续表

T/R 位	方式代码	功　能	带数据字	允许广播
1	01111	备用	否	待确定
1	10000	发送向量字	是	否
0	10001	同步	是	是
1	10010	发送上一个命令字	是	否
1	10011	发送自测试字	是	否
0	10100	选定的发送器关闭	是	是
0	10101	取消选定的发送器关闭	是	是
1 或 0		备用	是	待确定
…	…	…	…	…
1 或 0		备用	是	待确定

（1）动态总线控制（方式码00000）。总线控制器向一个能执行总线控制功能的远程终端发出一个示意转让控制权，该远程终端如果接受了控制权的移交，就将返回给总线控制器的状态字中的"动态总线控制位"置1，给出响应，在传输完该状态字后，总线系统的控制权就将交给该远程终端。如果返回的状态字中的"动态总线控制位"置0，则总线控制器仍维持总线系统的控制。

（2）同步（方式码00001）。总线控制器使用这一指令，是将某预定事件通知有关远程终端，使远程终端同步（如复位内部定时器或大周期同步等）。

（3）发送上一状态字（方式码00010）。总线控制器用本指令使远程终端发送与上一有效命令字有关的状态字，本命令字不应变更状态字的状态，该命令常用于广播式通信，以供总线控制器了解终端接收广播指令的情况。

（4）启动自测试（方式码00011）。总线控制器利用本命令启动远程终端内部的测试电路并须在状态字传送之后的20ms内完成自测试功能，以达到监视远程终端健康之目的，它只与终端硬件有关。

（5）发送器关闭（方式码00100）。本命令仅在双余度总线系统中使用，用来使远程终端关闭与余度总线相连的发送器，使该发送器终止其发送能力。而远程终端不应关闭正在接收该命令字的通道上的发送器。

（6）取消发送器关闭（方式码00101）。本命令仅在双余度总线上使用，用来使远程终端启动先前已关闭的发送器。该远程终端不用它来启动正在接收该命令字的通道上的发送器。

（7）禁止终端标志位（方式码00110）。总线控制器命令被禁止的终端将状态字中的终端标志位强置成非故障状态"0"，而不顾终端实际是否发生了故障。其主要用途是在总线控制器已经了解到该终端已经发生了故障，在进行重构的过程中，阻止故障引起的连续中断。

（8）取消禁止终端标志位（方式码00111）。它是前一个命令（禁止终端标志位）的逆过程，重新使终端能反映出故障的现存状态。

（9）复位远程终端（方式码01000），它使被寻址的终端复位到加电初始化状态，作为一种重新启动终端或终端错误恢复的最后手段。

（10）发送向量字（方式码10000）。虽然1553B总线的工作是按命令/响应的方式进行，实际上仍存在一种"潜伏中断"的能力。用户子系统可以通过它的状态字中对服务请求位置1去通知总线控制器需要一个特定的异步服务的传输信息过程，总线控制器在得知有异步服务请求后就可以用此方式去询问RT有什么样的服务，以进行进一步的信息服务。RT一旦接收此方式指令，它通过返回状态字和紧接状态字后面的16位数据字反映要求的具体理由和原因，以使BC正确地为之服务。

（11）带数据字的同步（方式码10001）。此方式命令还带有一个16位的数据字，数据字往往表示一个时间刻度的具体信息，以使整个系统带有统一的时间标记，使之同步协调工作。

（12）发送上一命令字（方式码10010）。总线控制器利用本指令使寻址的终端返回一个状态字和数据字，数据字内容实际上是收到此方式命令以前上一次终端收到的有效命令字，此方式也是用于错误恢复和健康监视的目的。

（13）发送自测试字（方式码10011）。它是与启动自测方式命令（00011）联合使用的，用本命令使远程终端回送状态字之后，紧跟一个含有终端内部自测试结果的数据字回送给总线控制器，向总线控制器报告自测试结果。

（14）选定的发送器关闭（方式码10100）。此方式命令用于多余度（冗余大于2）的总线结构之中，总线控制器发出含有该方式代码的命令字，继之以一个数据字到远程终端，使数据字中含有打算关闭发送器的标志，使远程终端关闭选定的余度总线上的发送器。

（15）取消选定的发送器关闭（方式码10101）。本命令对双余度以上的总线系统有效，总线控制器发出该方式命令字，继之一个数据字到远程终端，该数据字中含有打算启动发送器的标志，使远程终端启动先前已经关闭的发送器。

2.1.3 通信控制

1. 基本控制方法

1553B总线协议采用命令/响应传输方式，即所有数据通信及通信控制均在总线控制器的命令下进行工作，终端只能对总线控制器的命令作出响应即发出状态字，同时在现行总线控制器的询问下也可转移总线控制权。为强调实时性，多路数据传输采用同步方式即信息按时间表逐次传输，但也允许终端使用状态字提出异步服务请求（包括异步数据传输及随机故障处理）。使用超时判断异常，传输正确时终端应在响应时间（4~12μs）内发回状态字，传输有错，终端应拒绝发回状态字，当响应时间超过14μs时，应作无响应超时处理。设置了方式命令，使其具有传输错误及设备故障诊断和管理能力。

2. 信息传送格式

使用报文形式。一个报文（或称消息）可以由命令字、状态字和0~32个数据字组成。1553B定义了10种报文格式，如图2-4所示。

1）总线控制器向远程终端的传输 BC→RT

总线控制器向远程终端发出一个命令字以及由命令字中数据个数字段所规定数目的数据字，命令字和数据字以无间隔方式发送。远程终端在核实该报文后回送一个状态字。

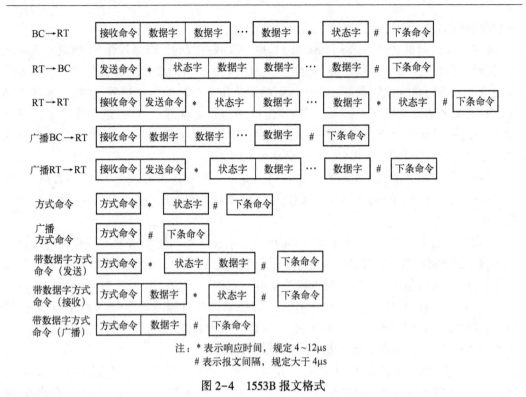

图 2-4 1553B 报文格式

2) 远程终端向总线控制器的传输 RT→BC

总线控制器向远程终端发出一个发送命令字,远程终端在核实命令字后回送一个状态字,并向控制器发送规定数目的数据字。状态字和数据字以无间隔方式连续发出。

3) 远程终端向远程终端的传输 RT→RT

总线控制器向远程终端 A 发出一个接收命令字,接着向远程终端 B 发出一个发送命令字。远程终端 B 核实该命令字后,发送一个状态字和规定数目的数据字。状态字和数据字以无间隔方式连续发送。接收到规定数目的数据字后,远程终端 A 应在规定的响应时间内发出状态字。

4) 广播

总线控制器或某一个远程终端将数据发至所有其他终端,而不需要确认接收终端的状态。这种传输似乎效率很高,由于数据发送端对各接收端的数据接收状态无法确认,因此难以确保消息传输的可靠性,所以应谨慎使用。

5) 管理与维护

总线传输系统的管理与维护是通过方式命令字来实现的。方式命令的传输过程与命令字基本相同,但可以根据需要夹带数据字给予具体管理项目的说明。

3. 全局控制策略

全局控制策略实际上涉及软件设计的内容,但不是系统软件的全貌。在这里,仅仅对涉及 1553B 总线全局数据调度控制有关的同步通信、异步通信及错误管理三个方面的软件设计思想作一个介绍。

1) 大周期与小周期

在航空电子综合系统中,工作任务可以分为两类:一类是周期性任务,如例行的总线询问、响应、数据收集、计算、输出等,对这类任务,系统必须周期性地执行。周期性任务中,根据更新率的不同要求也要区别对待。更新率要求高的调换任务,在一定时间范围内工作次数多一些;而更新率要求低的任务,在一定时间范围内,工作次数应少一些。为适应各控制任务对时间的不同需求,采用了如下的时间管理策略:将系统中更新率最小的工作周期称为大周期,将系统中更新率最高的工作周期称为小周期。经适当调整,可以把一个大周期,分成 $N=2^n$ 个小周期,其示意图如图2-5所示。

图2-5 大周期和小周期

如果 $n=6$,则每个大周期共包含64个小周期。这样处理后,更新率最低的工作任务,在一个大周期中执行一次,更新率最高的工作任务,每个小周期执行一次,其他工作任务根据其更新率要求则可以计算出它的传递周期,在一个大周期中执行1次、2次、4次、…、64次(附带说明,若根据更新率计算出的周期数为3,做4处理,若为5、6、7,做8处理)。同一更新率的任务也不总是安排在大周期开始处执行,而是把它们安排在一个大周期的相位移位 2^i 的小周期位置上。例如,传输周期为大周期1/2的工作任务,第一次传输可以安排在0号小周期上,第二次传输可以安排在第32号小周期上,也可将第一次传输安排在第1号小周期上,第二次传输安排在33号小周期上等。这种错开安排的方法使数据总线负荷均匀,避免在某段时间上通信任务过重造成堵塞。

2) 同步传输调度

图2-6示出了一种同步控制调度算法。它把周期性任务划分为 N 个小周期进行,每一个小周期又有各自对应的总线控制任务(BCT)和任务调度任务(TS)。总线控制任务是指总线控制器按要求所要完成的 I/O 等信息交通调度过程,而任务调度任务是指总线控制器数值处理计算等过程。

图2-6中的总线表1至总线表 N,分别对应了各个小周期中要执行的工作任务。上述 BCT 任务的调度和 TS 任务的调度交替进行,而在每个小周期中,根据小周期号 K 的不同而不同,其中 K 从 $1 \rightarrow N$ 逐次加1,重复循环。

如果以时间轴展开,图2-6中的程序模块在 $K-1$、K、$K+1$ 三个小周期中的调度过程可用图2-7示意表示。

3) 异步任务插入

上面已经提到,异步任务就是处理异步事件的程序,由于其随机性,它不像周期任务那样安排在固定的小周期中调度。处理非周期任务调度,一般是把它随机地插入到同步传输过程中进行。其办法是在每一个周期中插入一个异步请求状态的查询动作,若查询到有异步请求,就调度一次该异步请求的工作程序,执行异步动作;否则,就不调度,也就不存在异步动作。这里,查询异步请求状态是周期性发生的,而异步动作,则是非周期性发生的,如图2-8所示。

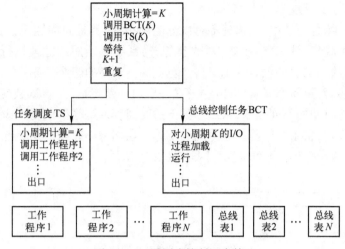

图 2-6 一种同步控制调度算法

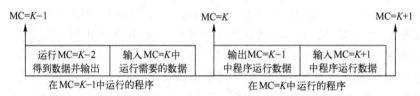

图 2-7 同步任务的调度

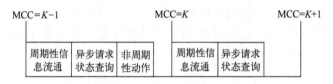

图 2-8 异步动作插入同步传输

以上这种周期性和非周期任务的混合使得系统更能有效地利用资源。如果一个小周期内完成不了全部非周期任务，可允许在下一个小周期内继续处理，而且保证让上一个周期中剩余的非周期任务优先得到处理。不过此时的周期任务，又增加了异步队列处理的动作，如图 2-9 所示。

图 2-9 异步连续处理

4) 错误管理方法

周期性任务的执行过程中，可能会出现错误，这种错误的出现属于随机事件。因此，应当把它们作为非周期事件一样处理，错误管理办法可有两种可选用的方案：第一种办法是在周期任务完成之后，插入一个错误管理和系统恢复的处理过程，然后再执行本小周期的非周期任务，如图 2-10 所示。

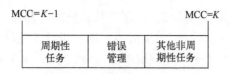

图 2-10 错误管理过程

为了支持这种方式的错误管理过程,规定如果在执行周期性任务过程中出现了错误,需调用错误排队登记模块,将任务名、出错类型等登记到错误队列表中,而周期性任务继续下去,直到周期性任务结束后,再调用出错队列处理模块,对登记的错误一个一个进行处理。第二种办法是把高优先级出错处理过程插入到周期性任务执行过程中。也就是说,一旦出现高优先级的错误,立即进行处理。而把那些一般性的错误处理仍放在周期性任务完成后进行。这种错误管理的办法,就能够使一些严重危及系统运行安全的错误优先得到处理,如图 2-11 所示。

图 2-11 错误管理的插入

2.1.4 接口逻辑

1. 基本功能

1553B 总线将飞机上航空电子各智能设备连接在一起,各种设备都必须通过总线多路通信接口(multiplex bus interface,MBI)才能完成分布式通信任务。随着电子技术的不断发展,生产出多种先进、高集成度、通用性的总线通信处理器件,如 1553B 协议处理芯片、总线收发器、脉冲变压器及总线网络耦合器等。MBI 由字处理器和消息处理器组成,如图 2-12 所示。

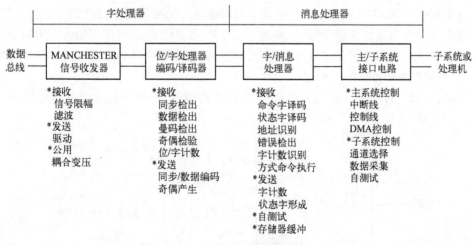

图 2-12 MBI 功能分解图

为使系统通用并使总线控制器、远程终端及总线监视器在工作中具有灵活的可替代性,三种器件设计成标准功能模块,即所谓的一体化设计。此时,BC 不需要状态字形成、方式命令执行、命令字译码和子系统控制功能,总线监视器 BM 不需要子系统控制功能。

下面对典型的接口芯片及其 MBI 板作简要介绍。

2. SMC 的 1553B 接口

COM1553B 是美国标准微系统公司 SMC(Standard Microsystem Corporation)早期推出较为成功的超大规模接口芯片。可实现位/消息处理器功能,它与 16 位微机兼容,具有 MANCHESTER II 码的双相输入输出,既可作为 BC,也可作为 RT 使用。COM1553B 自动装入和识别地址,能进行命令、数据同步头的检测和识别,并能识别 1553B 命令且自动产生适当的响应。无论作为 BC 或 RT,它都能决定所要求的传输类型,且产生响应的直接存储访问(DMA)握手信号和控制信号。

1) MBI 接口逻辑结构

由 COM1553B 芯片构成的 MBI 典型的结构如图 2-13 所示。

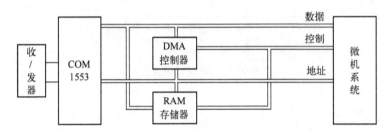

图 2-13　由 COM1553B 芯片构成的 MBI 典型的结构

为了加快数据传输速度,接口逻辑使用了 DMA 技术,同时减少对主机系统时间的占用。主机以数据形式布置并检查任务,COM 电路并行完成数据的传输,中间使用共享存储器实现内外任务的松耦合。

传输工作的开始之前,首先由主机对 DMA 进行初始化,确定工作方式、选择中断条件、写入参数存放地址;然后主机在共享存储器中准备各种 COM 所需的数据、命令、状态字。数据传输时,COM 经 DMA 从存储器中取得准备好的控制码,执行控制码即将存储器中的数据及命令组成报文进行传送,并收存状态字,等报文结束或出现异常发中断报告主机。在传输数据中间主机可以通过改变存储器中的数据变更任务或从存储器获取数据。

2) COM1553B 协议芯片电路

电路由编码/译码器和错误检查逻辑、内部寄存器组、方式译码逻辑和状态序列逻辑四大部分组成,如图 2-14 所示。

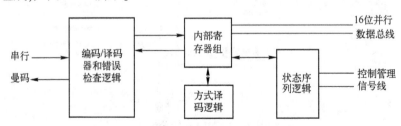

图 2-14　COM1553B 内部原理框图

(1) 编码/译码器和错误检查逻辑。进行曼彻斯特码的编码和译码,并检查码的错误。它接收具有有效同步头的曼彻斯特码,并进行译码,在确认无错时,将信息码送入内部寄存器。或者,对内部寄存器的信息码检错,并进行曼彻斯特码编码,再加上同步头输出。错误检查逻辑可以检查出 7 种错误:同步头错误、非法曼彻斯特 II 型码错误、信息场大于 16 位、奇偶校验错误、字计数错误、响应时间超过、地址不正确。

(2) 内部寄存器组。可以用来锁存 3 位指令控制码。这些指令控制码决定了 COM1553B 芯片执行何种寄存器操作,寄存器组还用来加载远程终端地址和状态码,并且存储与上一信息有关的任何错误,因而可以检测出发生了何种错误。总之,寄存器组是用来暂存各种操作所需的命令、状态和地址等信息,根据不同的操作,寄存器内容会作相应的变化。

(3) 方式译码逻辑。用来对方式命令译码。COM1553B 芯片能执行 5 种方式码译码功能,它们是动态总线控制、发送上一状态字、禁止终端标志位、废除禁止终端标志位、发送上一命令字。

(4) 状态序列逻辑。产生相应的内部控制信号来协调和控制芯片内部各个功能模块之间的操作,使它们能完成不同的指定任务。同时,该逻辑也向外部电路发出各种控制信号,以协调芯片和外部电路的工作。

状态序列逻辑的控制信号 RT/BC 用于选择芯片作为远程终端或总线控制器使用。利用命令控制码来确定芯片的存储器操作,是通过选通信号、传送请求信号和读/写等信号来控制协调的。

3) COM1553B 芯片外引脚(图 2-15)

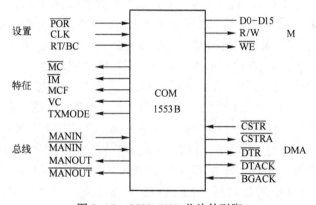

图 2-15 COM1553B 芯片外引脚

POR(输入):复位信号。复位后 RT 地址必须重新装入。

CLK(输入):时钟信号。12MHz。

RT/BC(输入):工作方式选择。有效,芯片作为总线控制器工作;无效,作为远程终端工作。

TXMODE(输出):发送模式。有效,表示芯片正在向 1553B 总线发送消息。

MANIN(输入):曼彻斯特码输入端。

MANOUT(输出):曼彻斯特码输出端。

CSTR(输入):控制码请求。有效,表示 3 位控制码已在内存中准备好,通知 COM1553B 来取,当芯片准备号时,发出一个读周期装入控制码。

CSTRA(输出):控制码应答。有效,表明 COM1553B 已经接到 CSTR,现在启动控制码传送。

DTR(输出):数据传送请求。有效,表明 COM1553B 已经接收到一个正确数据要向外存储器传送。

R/W(输出):读/写信号。

WE(输出):写信号。

BGACK(输入):总线应答。有效,表示处理机已承认 DTR 且放弃存储器总线。

DTACK(输入):数据传输应答。有效,表明数据已经稳定在数据总线上。

VC(输出):无效命令。

MC(输出):消息完成。

IM(输出):消息错误。

MCF(输出):方式命令标志。

3. DDC1553B 接口

DDC 公司是采用两片超大规模集成电路来构成 1553B 协议处理以及与计算机的接口。其中 BUS-65600 是作为逻辑功能块和下接口,前端通过收/发器与数据总线相连,后端与上接口 BUS-66300 相连。

1) MBI 接口逻辑结构

BUS-65600 能支持三种工作方式:总线控制器/远程终端/总线监视器(BC/RT/BM)。BUS-66300 是上接口,它完成通道控制及与计算机的接口功能。

BUS-66300 芯片能充分支持 1553B 消息交换,主计算机仅进行提供和接收要传输数据的工作。66300 产生 DMA 申请引起主机立即关注,中断主机程序的握手信号。主机有屏蔽中断的能力,因此 66300 只有产生特定的中断才能对主机起作用。在大多数情况中,主机不需要去专门地对异步外部设备终端服务,也就是说,这种接口方式能使主机不承担任何 1553B 输入/输出(I/O)的责任,只有在产生了一个需要主机立即关注,并为主机所希望的中断时,主机自己的处理程序步调才会被中断,进行中断处理。而一般情况下,主机可以以自己的步调进行工作。66300 芯片有强有力的功能使得所有的 1553 消息传输工作与主机的例行程序充分地隔离,接口技术中采用了一个专用的高达 64K 字存储空间的共享存储器,以它来映射处理所有的 1553B 总线信息。CPU 可以按自己的需要,方便的使用此共享 RAM,而不与 1553B 总线传输过程发生冲突,因而也不会丢失 1553B 信息。

MBI 接口逻辑结构如图 2-16 所示。

2) 协议芯片电路

BUS-65600 是一个完整的远程终端或总线控制器,如图 2-17 所示。它包括 4 个分开的寄存器,分别寄存命令、数据、状态和自测试字。在工作模式或测试模式中任何一种工作情况下,它能自动地执行全部 1553B 协议。特别是,它能履行所有的状态响应、定时、状态字特征,以及方式码功能,任何一个方式命令都可以通过可编程的外部 PROM 来做到。

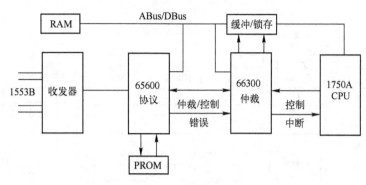

图 2-16 MBI 接口逻辑结构

在远程终端工作模式中，BUS-65600 芯片包含了所有的连接功能。它有编/译码器、终端位处理器、消息处理器和远程终端协议逻辑。此外，BUS-65600 通过标记存储器控制器作为表示有关的消息错误、状态响应错误、时间超时错误，从而完成强化的错误检测。当 BUS-65600 作为一个总线控制器的时候，负责发布全部的对远程终端的命令，通过产生恰当的命令字指挥所有在总线上的活动。

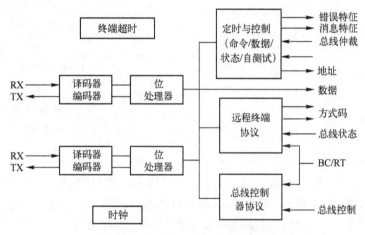

图 2-17 BUS-65600 芯片逻辑框图

3）仲裁芯片电路

BUS-66300 是一个主机与远程终端之间或主机与总线控制器之间的中介物，用来控制和管理存储器和处理器间的数据流。BUS-66300 芯片也包含一个对 16 位系统总线的仲裁逻辑，逻辑框图如图 2-18 所示。BUS-66300 数据是由包含命令字、状态字以及高达 32 个的数据字的消息构成。在模块内的仲裁逻辑处理 CPU 与控制器二者对于共享的 64K（字）存储器的竞争，此逻辑消除了对于任何等效的紧耦合电路的需要。如果当 CPU 正在接收来自控制器芯片的消息时又处于访问存储器过程之中，仲裁器所具有的一组寄存器和与之相连的缓冲器就能起缓冲数据的作用。

BUS-66300 中有 7 个寄存器，如结构寄存器、命令译码器、中断屏蔽寄存器及外部寄存器等，如表 2-2 所列。这些寄存器接收来自 CPU 的控制命令。

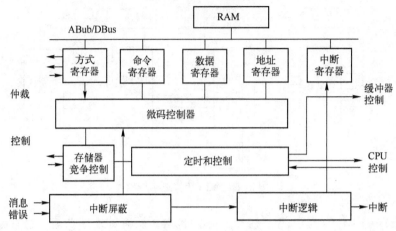

图 2-18 BUS-66300 芯片逻辑框图

表 2-2 66300 寄存器地址选择命令控制

寄存器/命令	0、1、2 地址位	定　义
0	000	中断屏蔽寄存器
1	001	结构寄存器
2	010	未用
3	011	启动/复位命令译码器
4	100	外部寄存器
5	101	外部寄存器
6	110	外部寄存器
7	111	外部寄存器

BUS-66300 的 BC 工作模式:CPU 通过对结构寄存器赋值,使 BUS-66300 工作于总线控制器的状态,此时 BUS-66300 具有两个数据区:A 区和 B 区,指针所指示的初始地址决定了是使用 A 区或 B 区。BC 所要激活的消息(块)总数是由消息计数器的最大值所确定。由 BC 激活的消息块顺序是按指针的指示,顺序地激活数据描述符块,每个数据描述块的第四个地址上指示了该次消息传输在内存中的数据块首地址,如图 2-19 所示。

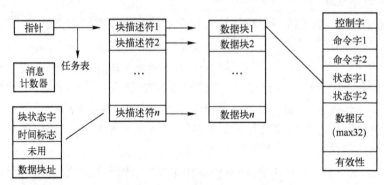

图 2-19 BUS-66300BC 存储器映射

在 BC 工作模式中，每个数据块的存储量为 64 个字。数据块的首地址是一个控制字，此控制字决定了总线上消息的格式以及双余度的数据总线中决定使用哪条总线。在控制字之后紧跟着标准的 1553B 消息，即命令字、数据字等。从被访问的终端所返回的状态字和数据字也存储在数据块之内。CPU 一旦启动了 BUS-66300 的结构寄存器，BUS-65300 就将自动地处理全部消息。除非遇到了一个 CPU 必须对之服务的中断请求，CPU 将不对 BUS-65300 的工作有任何参与。

BUS-66300 的 RT 工作模式：CPU 首先通过结构寄存器去建立所选择的 RT 地址和状态字的相应位。此后，通过查找表，根据从 BC 来的命令字中的分地址场，查找到相应的数据块地址加载数据字。如图 2-20 所示，命令字的收发位和 5 位分地址值合成产生 6 位地址，此地址定义了一个高达 32 个位置的查找表（64B）。BUS-66300 工作于 RT 模式中，同样也有两个描述符指针，它们分别指向描述符 A 区和描述符 B 区。CPU 使用状态字中断指针跟踪总线的活动，指针指向不同的描述符块。状态字地址中断指针也有两个，因此它就提供了两种查表方法：第一种是由 T/R 位加上 5 位分地址场，经过数据块地址查找表存储有关的数据；第二种查表法是由接口提供了双缓冲，以保证数据的完整性。这个技术使得用户能简单地通过改变查找表的方法去访问第二组数据块。只要在控制寄存器中建立合适的位，就可以定位，这就提高了灵活性，并可以减少 CPU 的工作载荷。

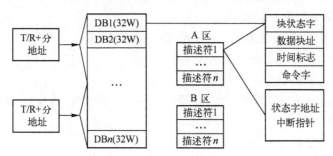

图 2-20　66300 RT 存储器映射

3. AEB 系列 1553B 总线接口

1553B 总线接口板基于美国 GE Fanuc 嵌入式系统在其 CONDOR 工程中心推出的 FlightCore-1553 总线 IP 核进行设计的，FlightCore-1553 是一种允许设计人员在各种 Altera 和 Xilinx 的 FPGA 中轻松实现无版权设计的 MIL-STD-1553 IP，可同时具有 BC、RT、BM 功能。

1）MBI 接口逻辑结构

AEB 系列板卡接口形式多样，包括 PCI 总线、CPCI 总线、PCI-E 总线、PXI 总线、USB 总线、PC104 总线接口等，双冗余通道设计。可同时具有 1 个 BC、1 个 RT 和 1 个 BM；自动 BC 重试；BC 支持帧重复发送，可设置帧重复发送的次数；可设置 BC 帧间隔时间和消息间隔时间；支持时标模式；BM 方式下支持过滤功能；大容量的数据存储 1M×16b。另外，板卡上具有 8 路 TTL 数字量输入和输出能力，PCI 总线接口 AEB1P-M 结构如图 2-21 所示。

2）安装使用

AEB 系列板卡可运行在 Windows 2000/XP/Vista/7/8 操作系统、VxWorks 操作系统、

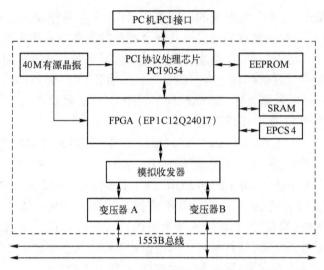

图 2-21　PCI 总线接口 AEB1P-M 结构

提供相应的板卡安装包,支持用户进行开发。在 Windows 操作系统下,其一般使用流程为:

(1) 运行 AEB1P-M.msi 安装包。
(2) 关闭计算机,打开机箱盖,插好 AEB1P-M 接口板。
(3) 计算机加电,Windows 找到新硬件。
(4) 选择指定驱动程序位置。
(5) Windows 驱动程序搜索设备,选择安装驱动信息文件(在安装包目录 AEB1P-M\Driver\AEB1PM.inf)。
(6) 选择自动安装驱动。
(7) 安装动态链接库;将动态链接库 PCIDLL.dll 文件添加到\windows\system32 目录下或者添加到与应用程序相同的目录下;将动态链接库 PCIDLL.lib 文件及相关的头文件 PCIDLL.h 添加到应用软件的目录下,并在开发环境中设置好环境变量。

AEB 系列板卡外部接口采用统一的 SCSI68 针连接,具体通信接口定义如表 2-3 所列。

表 2-3　AEB 系列板卡接口 SCSI68 针定义

管　脚	名　称	说　明
1	CHB_D	B 通道 1553 总线直接偶合+
2	NCHB_D	B 通道 1553 总线直接偶合-
3	CHB_C	B 通道 1553 总线间接偶合+
4	NCHB_C	B 通道 1553 总线间接偶合-
5	GND_B	B 通道 1553 总线系统地
6	CHA_D	A 通道 1553 总线直接偶合+
7	NCHA_D	A 通道 1553 总线直接偶合-
8	CHA_C	A 通道 1553 总线间接偶合+

续表

管　脚	名　称	说　明
9	NCHA_C	A 通道 1553 总线间接偶合-
10	GND_A	A 通道 1553 总线系统地
19	TTLDO0	TTL 数字量输出（DO0）
20	TTLDI0	TTL 数字量输入（DI0）
21	TTLDO1	TTL 数字量输出（DO1）
22	TTLDI1	TTL 数字量输入（DI1）
23	TTLDO2	TTL 数字量输出（DO2）
24	TTLDI2	TTL 数字量输入（DI2）
25	TTLDO3	TTL 数字量输出（DO3）
26	TTLDI3	TTL 数字量输入（DI3）
27	TTLDO4	TTL 数字量输出（DO4）
28	TTLDI4	TTL 数字量输入（DI4）
29	TTLDO5	TTL 数字量输出（DO5）
30	TTLDI5	TTL 数字量输入（DI5）
31	TTLDO6	TTL 数字量输出（DO6）
32	TTLDI6	TTL 数字量输入（DI6）
33	TTLDO7	TTL 数字量输出（DO7）
34	TTLDI7	TTL 数字量输入（DI7）
53~68	GND	TTL 数字量系统地
其他	NC	保留

3）数据结构

（1）CORE_IQ_ENTRY 结构体。

定义了中断队列的入口，其数据结构如下所示：

typedef struct core_iq_entry {

　　CORE_U16　type；//中断类型

　　CORE_U32　info；//中断类型的信息

}CORE_IQ_ENTRY；

（2）CORE_RT_SA_BUFFER 结构体。

定义了板卡工作在 RT 模式下时，其控制和数据缓存所需要用到的数据结构体，其数据结构如下所示：

typedef struct core_rt_sa_buffer {

　　CORE_U32　legal_wc；//BC 命令字

　　CORE_U32　int_enable；//中断内容，具体内容见表 2-5

　　CORE_U32　msg_status；//消息传输状态，具体内容见表 2-5

　　CORE_U32　time_low；//时间戳低字

```
        CORE_U16    time_high;//时间戳高字
        CORE_U16    cmd_wd;//BC 命令字
        CORE_U16    sts_wd;//RT 状态字
        CORE_U16    data_wds[32];//32 个数据字缓存
    } CORE_RT_SA_BUFFER;
```

(3) CORE_BC_BLOCK 结构体。

定义了板卡工作在 BC 模式下时,其消息组织与控制所需要用到的数据结构体,其数据结构如下所示:

```
    typedef struct core_bc_block {
        CORE_U16    next_msg_num;//下一条消息块
        CORE_U16    bc_control_wd;//见说明 1
        CORE_U16    cmd_wd1;//BC 命令字 1
        CORE_U16    cmd_wd2;//BC 命令字 2
        CORE_U16    im_gap;//消息间隔
        CORE_U16    bc_retry;//见说明 2
        /* NOP 控制块寄存器 */
        CORE_U16    delay;
        /* CONDITIONAL 控制块 寄存器 */
        CORE_U32    test_wd_addr;
        CORE_U16    data_pattern;
        CORE_U16    data_mask;
        CORE_U16    cond_count_value;
        CORE_U16    cond_counter;
        CORE_U32    write_addr;
        CORE_U16    write_value;
        CORE_U16    branch_msg_num;
        /* CALL 控制块寄存器 */
        CORE_U16    call_msg_num;
        /* NON-MESSAGE 控制块寄存器 */
        CORE_U32    int_enable;//中断内容,具体内容见表 2-5
        CORE_U32    msg_status;//消息传输状态,具体内容见表 2-5
    } CORE_BC_BLOCK;
```

说明:

bc_control_wd(偏移地址为 0x1)用于定义 BC 块的类型,其中类型由 bits0~4 决定,取值见表 2-4。

表 2-4 BC 块类型定义

4	3	2	1	0	BC 块类型
0	0	0	0	0	保留

续表

4	3	2	1	0	BC 块类型
0	0	0	0	1	BC→RT 接收
0	0	0	1	0	RT→BC 发送
0	0	0	1	1	RT→RT 发送
0	0	1	0	0	方式命令
0	0	1	0	1	STOP 控制块
0	0	1	1	0	CONDITIONAL 控制块
0	0	1	1	1	CALL 控制块
0	1	0	0	0	RETURN 控制块
0	1	0	0	1	SCHEDULE 控制块
0 … 0	1 … 1	0 … 1	1 … 1	0 … 1	保留
1	*	*	*	*	NOOP 控制块

bc_retry(偏移地址为 0×9)用于定义 BC 块重复发送的次数,其定义如下:

Bits0~3 最大重复发送次数,必须小于或等于 8。

Bits4~7 用户设置的重复发送次数。

Bits8~15 重复发送类型,如果该位为 1:BusB;0:BusA;bit8 对应第一次重复发送;bit9 对应第二次重复发送;…;bit15 对应第八次重复发送。

(4) CORE_BC_MSG_BUFFER 结构体。

定义了板卡工作在 BC 模式下时,其数据组织需要用到的数据结构体,其数据结构如下所示:

typedef struct core_bc_msg_buffer {
  CORE_U32 int_enable://中断内容,具体内容见表 2-5
  CORE_U32 msg_status://消息传输状态,具体内容见表 2-5
  CORE_U32 time_low://时间戳低字
  CORE_U16 time_high://时间戳低高字
  CORE_U16 sts_wd1://RT 返回状态 1
  CORE_U16 sts_wd2://RT 返回状态 2
  CORE_U16 data_wds[32]://32 个数据字缓存
} CORE_BC_MSG_BUFFER;

说明:

int_enable 和 msg_status 的定义如表 2-5 所列。

表 2-5　int_enable 和 msg_status 的定义

Bit 位	说　明
0	该位表示该条消息包含的数据字个数大于命令字中字数域所指出的数据字个数
1	该位表示在消息的一个或多个字中发现如下的错误:同步头错误,曼彻斯特Ⅱ型编码错误(包括过零错误),位计数错误,奇偶校验错误
2	该位表示该条消息包含的数据字个数小于命令字中字数域所指出的数据字个数
3	该位表示在消息的一个或多个字中发现同步头错误,该位错误会使 Bit1 置 1
4	该位表示连续位之间的过零时间间隔少于 150ns
5	该位表示在消息传送期间出现总线 A 和总线 B 同时工作
6	该位表示在消息中的一个或多个字中发现奇偶校验错误,该位错误会使 Bit1 置 1
7	该位表示在消息的连续数据字传送过程中出现传输间隔
8	该位表示 1553 解码器发现状态字反应过早错误(状态字间隔小于 2μs)
9	该位表示 1553 解码器发现状态字反应超时错误(状态字间隔大于总线规定的时间)
10	该位表示状态字中的 RT 地址与命令字中的 RT 地址不匹配
11	该位表示消息在 A 或 B 总线上传递,0 代表在总线 A 上传递,1 代表在总线 B 上传递
12	该位表示 1553 解码器没有接收到状态字
13	该位表示 RT 的应答与 BC 命令字在不同的总线上传输数据
14	该位表示消息中一个或多个字的位数不是 16 位,该位错误会使 Bit1 置 1
15	该位表示下一个命令同步头与当前字的中间间隔时间小于规定的消息间隔
16	该位表示消息传输完成
17	该位表示广播消息
18	该位表示 RT→RT 消息
19	该位表示该消息是一个重置远程终端方式命令(RT 时有效)
20	该位表示该消息是一个初始自测试方式命令(RT 时有效)
21	该位表示该消息是一个方式命令(RT 时有效)
22	该位表示 BC 至少重新传送了一次消息(BC 时有效)
23	该位表示 BC 没有发现总线上传送的命令字,该状态只会在一个损坏或是没有终端的总线上发生(BC 时有效)
24	该位表示 BC 接收到的状态字中消息错误位置 1(BC 时有效)
25	该位表示总线监视触发使能(BM 时有效)
26	该位表示总线监视触发完成(BM 时有效)
27	该位表示总线监视溢出(BM 时有效)
28	保留位
29	用户位 0
30	用户位 1
31	用户位 2

2.1.5 通信软件

从功能上看,1553B 的通信规约符合国际标准化协会 ISO 推荐的 7 层协议,但又不完全一致,它分 5 个层次,即物理层、链路层、传输层、驱动层和应用层。

1. 设计要求

航空电子系统通常包括十多个嵌入式计算机子系统,用 1553B 数据总线连接而成。1553B 总线是航空电子系统的关键技术之一,对整个航空电子系统的成败起着关键性的作用。

通信系统分为应用层、驱动层、传输层、数据链路层和物理层 5 个层次。应用层和驱动层在主机实现,传输层、数据链路层和物理层在 MBI 板实现。

对通信系统的总要求是:

(1) 实现各子系统之间的数据传输。
(2) 为航空电子系统保持一套同步实时时钟。
(3) 使通信系统相对独立地工作,对应用软件尽可能透明,且对主机的时间开销尽可能少。
(4) 使通信系统灵活,易于修改。
(5) 满足 MIL-STD-1553B 及 ISBC 规约。
(6) 支持双总线通信。

通信软件是以上述要求为宗旨,结合硬件设计而专门研制的。它满足上述要求,而且实现 BC/RT 一体化设计。由于应用层与特定的子系统相关,数据链路层和物理层由硬件实现,故通信软件主要实现驱动层和传输层的功能。

2. 软件结构

软件的层次结构及其关系如图 2-22 所示。

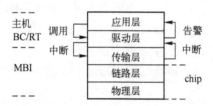

图 2-22 软件的层次结构及其关系

1) 应用软件

应用软件是通信系统的最高层,负责通信的管理和控制功能。

系统通信控制(SCC):仅存在于作为总线控制器 BC 或备份 BC 的主机中,负责整个总线通信网络的管理和出错处理。包括总线控制权的获得和传递,远程终端 RT 与通信网络的连接与隔离,整个系统的时间同步及启动各 RT 的自测试等过程。

局部通信控制(LCC):存在于各网络节点的主机中,负责本节点 MBI 工作的管理和局部出错处理。

应用任务和特定的子系统有关,这里不再赘述。

2) 驱动软件

驱动软件是实现 MBI 与主机应用软件间的接口控制与数据传递的专用软件。它可提供总线各类消息数据的读写支持,以及对 MBI 板内程序的调用和对计时器的控制及处理。驱动软件的另一个主要功能是对主机接收到的 MBI 的中断信号进行中断原因分析,并调用 SCC 或 LCC 中断服务程序。

驱动软件按其功能可分为 MBI 控制、系统控制、计时器控制、消息控制和 MBI 中断服务几类。

3) 控制程序

(1) 通用函数。

CORE_Find_Cards:查找当前活动的 1553B 板卡数目。

CORE_GEN_Mem_Test:对 1553B 板卡上的 SRAM 进行测试。

CORE_GEN_Low_Mem_Alloc:为 1553B 板卡分配低端内存空间,禁止用户使用。

CORE_GEN_Mem_Alloc:为 1553B 板卡分配高端内存空间,用户使用。

CORE_GEN_Get_Version:获得 1553B 板卡的硬件、固件、API 版本号以及类型。

CORE_GEN_Full_Init:此函数把所有的普通启动函数调用结合成一个函数,函数包括下面功能:CORE_LL_Init、CORE_GEN_Mem_Test、ORE_BIT_Check_PBIT、CORE_BIT_Run_IBIT、CORE_INT_IQ_Init 从而初始化 AEB1P-M 板卡资源和与 1553B 协议有关的寄存器。

CORE_BIT_Run_IBIT:启动自测试 BIT(built-in-tests)。

CORE_BIT_Check_PBIT:检测周期 BIT(built-in-tests)的状态。

(2) 中断函数。

CORE_INT_IQ_Init:为中断队列分配内存并初始化中断寄存器。

CORE_INT_Enable_HW_Interrupt:使相应板卡号的 1553B 板卡允许硬件中断。

CORE_INT_Disable_HW_Interrupt:使相应板卡号的 1553B 板卡关闭硬件中断。

CORE_INT_Check_For_Interrupt:该函数用于检查 1553B 板卡的 SET HOST INTERRUPT 寄存器以确保板卡有能力产生硬件中断。

CORE_INT_Clear_Interrupt:该函数用于清除 1553B 板卡的 SET HOST INTERRUPT 寄存器从而清除硬件中断。

CORE_INT_Read_Interrupt_Queue:读取并返回新的中断队列入口。

(3) BC 函数。

CORE_BC_Is_Supported:测试 1553B 板卡是否支持 BC 操作。

CORE_BC_Init:初始化 1553B 板卡 BC 模式下的数据结构并分配 BC Blocks。

CORE_BC_Allocate_Msg_Buffers:为特定的 BC Block 分配消息缓冲区。

CORE_BC_Start:启动相应板卡号的 1553B 板卡 BC 操作。

CORE_BC_Stop:终止相应板卡号的 1553B 板卡 BC 操作。

CORE_BC_Write_Block:写对应消息的 BC Block 数据。

CORE_BC_Read_Block:读对应消息的 BC Block 数据。

CORE_BC_Write_Buffer:写对应消息的 BC Message Buffer 数据。

CORE_BC_Read_Buffer:读对应消息的 BC Message Buffer 数据。

CORE_BC_Aperiodic_Send：发送非周期性的消息。
CORE_BC_Is_Running：判断 BC 模式是否运行。
CORE_BC_Get_Block_Addr：获得相应板卡号中对应 Block 号的 BC block 的起始地址。

(4) RT 函数。
CORE_RT_Is_Supported：测试 1553B 板卡是否支持 RT 操作。
CORE_RT_Multiple_Is_Supported：测试 1553B 板卡是否支持多个 RT 操作。
CORE_RT_Init：初始化 1553B 板卡的 RT 模式下的数据结构。
CORE_RT_Enable：将相应板卡号和 RT 地址的 1553B 板卡设置为 RT 模式。
CORE_RT_Monitor：将相应板卡号和 RT 地址的 1553B 板卡设置为 RT 监视模式。
CORE_RT_Disable：终止相应板卡号及 RT 地址的 1553B 板卡的 RT 模式。
CORE_RT_Start：启动相应板卡号的 1553B 板卡 RT 操作。
CORE_RT_Stop：终止相应板卡号的 1553B 板卡 RT 操作。
CORE_RT_Allocate_SA_Buffers：分配并初始化非默认的 RT 缓冲器(控制缓冲器和消息缓冲器)。
CORE_RT_Read_SA_Buffer：读对应 RT 地址及发送或接收子地址的 RT Message Buffer 数据。
CORE_RT_Write_SA_Buffer：写对应 RT 地址及发送或接收子地址的 RT Message Buffer 数据。

(5) BM 函数。
CORE_BM_Is_Supported：测试 1553B 板卡是否支持 BM 操作。
CORE_BM_Init：初始化 1553B 板卡的 BM 操作并分配两个 BM 缓存，缓存存放内容以字为单位。
CORE_BM_Start：启动相应板卡号的 1553B 板卡 BM 操作，从而进行总线监视。
CORE_BM_Stop：终止相应板卡号的 1553B 板卡 BM 操作。
CORE_BM_Buffers_Swapped：判断从最后一次调用函数时是否发生了 BM 缓存交换。
CORE_BM_Read_Inactive_Buffer：读取非活动 BM 缓存的内容。

(6) TTL 函数。
TTL_DO：8 路 TTL 数字量输出。
TTL_DOEN：TTL 数字量输出允许。
TTL_DI：8 路 TTL 数字量输入。

4) 传输软件

传输软件控制航空电子系统多路总线上的数据传输，它在主机的控制下能够完成通信系统的传输层协议、故障检测与处理、双余度总线的管理与切换、实时时钟(RTC)的同步等功能。

传输软件包括通信表，总线表和控制程序几部分。

通信表主要用于定义出入 BC 或 RT 的各类消息的物理块名、逻辑名、终端子地址、消息功能及其总线属性等相关信息之间的对应关系。

根据消息的类型可将通信表分为输入通信表和输出通信两类，分别包括逻辑消息名、总线号（A 总线或 B 总线）、功能号（BC 或 RT）、子地址、消息长度和消息特性（如是否是紧急消息）等内容。

总线表（BC 专用）用于管理和组织执行位于总线通信过程中的有效终端 RT 间的数据传输，包括优化总线指令表及一些相关信息。总线表的排列是静态的，但对它的管理却是动态的。具体如下：

（1）总线的网络结构不是一成不变的，在通信过程中某 RT 发生故障时要将它隔离，在恢复正常工作时又需将其连入通信网络，与这种 RT 相关的通信指令也相应地执行或恢复执行。

（2）通信系统中采用了 ISPC 协议，即仅传输刷新了的数据，必须根据 RT 的刷新状态组织对该 RT 的数据传输。

（3）一些用于总线管理和时间同步的周期性消息，在周期到时由传输层软件插入预先排列的总线表，由 BC 组织执行。

控制程序是在 MBI 的正常操作过程中可由 MBI 板内的 CPU 独立执行的程序包括：

（1）由驱动程序激活的程序，如设置功能（SET FUNCTION）、启动 MBI（GO）、停止 MBI（STOP）、执行自测试（BIT）等。

（2）由延迟时钟 DT 中断激活的周期性处理程序，如周期性 BIT、时间同步、站位查询等。

（3）错误分析及报告程序。

（4）总线的通道管理。

5）板卡使用过程

（1）查找并打开板卡。

调用函数 CORE_Find_Cards 查找活动的板卡数目，如果不为 0，则表示有板卡。

（2）初始化板卡。

调用函数 CORE_GEN_Full_Init 初始化板卡。

（3）BC 模式。

第一步：BC 初始化（CORE_BC_Init）。

第二步：BC 帧设置。

   调用函数 CORE_BC_Allocate_Msg_Buffers 初始化帧结构；

   调用函数 CORE_BC_Write_Block 设置帧的类型；

   调用函数 CORE_BC_Write_Buffer 设置帧的数据缓存。

第三步：启动 BC 传输。

   调用函数 CORE_BC_Start 启动 BC 传输操作。

第四步：读数据。

  方式 1 调用函数 CORE_BC_Is_Running 判断 BC 操作是否结束；

     调用函数 CORE_BC_Read_Block 读取帧的类型；

     调用函数 CORE_BC_Read_Buffer 读取帧的数据。

  方式 2 采用中断模式

     调用函数 CORE_INT_IQ_Init 初始化中断结构；

     调用函数 CORE_INT_Check_For_Interrupt 判断中断；

调用函数 CORE_INT_Read_Interrupt_Queue 处理中断；

调用函数 CORE_BC_Read_Buffer 读取帧的数据。

方式 3　采用 CONDITION 块、NOOP 块、CALL 块、RETURN 块和 STOP 块对帧进行控制，具体过程详见 AEB 板卡软件使用参考设计。

(4) RT 模式。

第一步：RT 初始化(CORE_RT_Init)。

第二步：设置 RT 地址(CORE_RT_Enable)；

设置子地址消息缓存类型(CORE_RT_Allocate_SA_Buffers)；

设置子地址消息缓存数据(CORE_RT_Write_SA_Buffer)。

第三步：启动 RT 传输(CORE_RT_Start)；

调用函数 CORE_RT_Read_SA_Buffer 读子地址消息缓存数据。

(5) BM 模式。

第一步：BM 初始化(CORE_BM_Init)；

第二步：BM 使能(CORE_BM_Start)。

第三步：读取 BM 消息；

调用 CORE_BM_Buffers_Swapped、CORE_BM_Read_Inactive_Buffer 函数。

(6) 数字量 IO。

TTL 数字量输出(TTL_DO)；

使能数字量输出(TTL_DOEN)；

TTL 数字量输入(TTL_DI)。

(7) 关闭板卡。

应用程序退出时，调用函数 CORE_LL_Close 关闭板卡。

3. 特性和优点

1) 系统灵活性

能以最小的工作量实现对系统的修改。在需经常修改的子组件中，修改是通过对数据表的改动实现的，无须对程序作任何改动。

2) 系统透明性

对应用程序来说，系统的透明性表现在以下三个方面：

(1) 在两个不同子系统内应用程序间的对话通过命令实现，仅需知道信息的逻辑名。

(2) 系统协议程序的执行对宿主机是透明的。

(3) 连接至两条总线的一个子系统所执行的总线间的数据传输，对该子系统应用程序是透明的。

3) ISBC 协议

仅传输刷新了的消息，从而降低了通信载荷。

4) 数据完整性和最新收到的信息

为确保时间上的一致性，必须防止 MBI 和主机同时访问同一信息，因此双口存储器中的数据结构采用双重缓冲，通过恰当的管理能使应用软件和通信系统使用最新数据，这种管理对应用程序是透明的。

5) 向主机报告有关接收的信息

采用两种互为补充的报告方法：同步法是指应用软件先提出请求，通信模块提供最新信息，从而防止主机不必要的载荷；异步法则是指通信模块在收到紧急信息时，立即向应用软件发送报告。

6) RTC 的相对同步

周期性地传递系统的 RTC 值，接收子系统计算 RTC 的差值并记当下来，以防止由于时钟漂移而出现大误差，这个时钟同步过程对宿主机是透明的。

7) 同一总线和总线间的信息传输

同一总线的信息传输指同一总线上两个子系统间的传输，总线间的信息传输是两个不同总线上的两个子系统间的传输，它通过一个连接两个总线作为传输媒介的子系统来实现。计算机内的信息是通过通信模块实现的，对应用程序是透明的。传输媒介为总线控制器 BC 或远程终端 RT。

2.1.6 协议拓展

由于设备的增加和结构的变化，F-22 飞机航电结构提出了 1553B 协议向多层次结构的拓展要求。对于一个多层次总线系统，信息不仅在同层总线上传送，有可能跨越两层甚至三层总线进行传送。要解决这些问题，就需要采用多层次总线通信访问控制方法。

1. 网关

在多层次总线网络中，总线与总线之间是通过嵌入式计算机连接在一起的。这个计算机如果连接的是两个相同类型总线，如 1553B 总线，称为网关（GATE）。计算机在总线网络中扮演的网关角色可有三种形式，如图 2-23 所示。

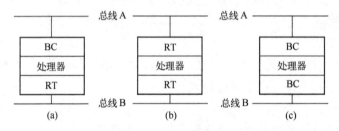

图 2-23 网关的功能

图 2-23(a) 表示，计算机对总线 A 而言，是一个总线控制器，对总线 B 而言，它是一个远程终端。图 2-23(b) 表示，计算机对每一个总线，都相当于一个远程终端。图 2-23(c) 表示，计算机两套总线，都相当于一个总线控制器。

图 2-23(a) 所示的网关类型应用最广，因为它支持全局网与局部网之间的通信。特别适用于多层次网络中，一个总线是数据源，一个总线是数据吸收场。

图 2-23(b) 所示的网关类型由于缺点较多，不大被采用。这是因为作为网关的处理机在每条总线上异步的接收数据，必须扩展数据缓冲器或在建立总线间同步机制才能防止数据混淆。这种方法也需建立数据的保护，防止同一时间对同一个数据进行读/写。

图 2-23(c)所示的网关类型在当今的总线网络中也可以经常见到。由于控制软件驻存在一个公用计算机中,两个总线间的同步和数据映像控制非常容易实现。最通常的办法,在计算机中设置一个大容量存储器,该存储器为各总线共享。另外,建立一个信息指针表,其中记录着信息来自哪个总线,于是公共区域就可为所有总线所访问。

例:图 2-24 给出一个三层总线系统连网拓扑。这是某飞机上一个航空电子综合系统。三层总线分别是:航空电子总线、通用服务总线和外挂管理总线。航空电子总线主要处理飞行任务有关的数据,通用服务总线处理飞机的服务性工作,如环境控制、油量管理等,外挂总线处理武器系统的辅助管理等。后两条总线分别通过通用服务总线控制器和外挂管理总线控制器连接到航空电子总线上。

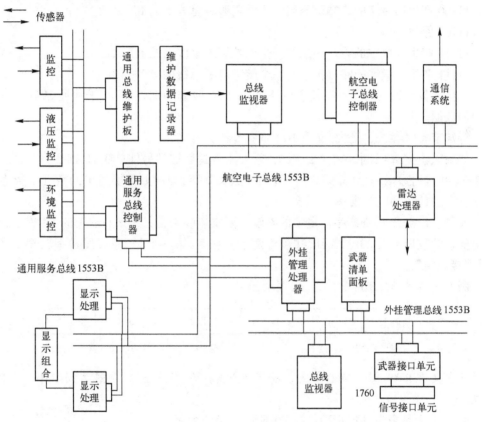

图 2-24 多级总线例图

2. 异步通信

在 1553B 总线系统中,通常利用异步通信实现多层次总线的通信。1553B 协议定义了一个集中控制的命令/响应总线,BC 是总线的指挥控制中心,一切按 BC 的命令行事。而来自 RT 或子系统请求的通信被定义为异步通信。通信具体要求的表达是通过向量字来反映的。向量字的有效数据为 16 位,分别以 $D_0 \sim D_{15}$ 表示。

$D_0 \sim D_4$(共 5 位):消息字数计数场。

$D_5 \sim D_9$(共 5 位):子地址场。包含了要求与之通信 RT 的子地址。

D_{10}(1 位):发送/接收位,1 表示发送,0 表示接收。它指示了 $D_{11} \sim D_{15}$ 的 RT 场所规定

的 RT 是发送数据还是接收数据。

$D_{11} \sim D_{15}$(共 5 位):RT 地址场,包含了所要求与之通信的 RT 的地址。

在多层次总线通信系统中,RT 地址和子地址可以进行特殊的定义,如某系统定义:当 RT 地址为 0,则须作为一个特殊码来加以解释,码意如下:

子地址场码意:

00001 产生向量字的终端很想发一个状态字到执行机构

00010 产生向量字的终端很想从执行机构接收当前状态控制字的重复

00011 保留

11011 保留

11100 产生向量字的终端很想与一个通用服务总线上的 RT 通信

11101 保留

11110 产生向量字的终端很想与一个外挂管理总线上的 RT 通信

11111 产生向量字的终端很想与一个航空电子总线的 RT 通信

产生向量字的 RT,总是在其子地址 29Rx 处接收非周期数据,在子地址 29Tx 处发送非周期数据。

特殊定义时,发送/接收位(第 10 位)有着特殊意义。

如果该位被清 0,则产生向量字的终端要求发送数据到另外总线的 RT 去。发送地址为 29Tx 并且需冠以一个"总线之间接收字"的头部字,因此如果要送出的数据字数为 8,则向量字的计数场应置成 9。

如果该位被置 1,则产生向量字的终端。要求接收来自另一条总线上的 RT 数据。该通信要求的数据可在 29Rx 找到,共包含两个数据字,第一个是"总线发送字",第二个是"总线接收字"。

例 1:一个来自 RT08 的向量字,表示如下:

0	0	0	1	1	1	1	1	0	1	0	0	0	1	0	1
RT 地址:03					子地址:26					消息字计数:5					

其含义是 RT08 要求 RT03 从它的子地址场 26,发送 5 个数据字到 RT08 子地址 29 去。

例 2:下面是来自外挂管理总线 RT09 的一个向量字。

0	0	0	0	0	0	1	1	1	0	0	1	1	1	1	0
RT 地址:00					子地址:28					消息字计数:30					

其含义是 RT09 希望发送 29 个数据字,加上一个"总线接收字"(共 30 个),到公共服务总线的 RT 上。那个通用服务总线上接收数据字的 RT,在"总线接收字"中加以指定。

例 3:来自航空电子总线 RT02 的一个向量字表示如下:

0	0	0	0	0	1	1	1	1	1	0	0	0	0	1	0
RT 地址:00					子地址:30					消息字计数:2					

其含义是 RT02 希望接收到一个来自外挂管理总线上的数据。为了组织这次传输，航空电子总线从 RT02 的分地址 29Tx 收集两个特定的数据字(总线字)。

3. 跨总线通信过程

当一个机载子系统需要与其他的子系统通信时，子系统在状态字中将服务请求位置成 1，其结果引发当前总线控制器向提出请求服务的子系统发出一个发送向量字的命令。请求服务子系统对命令响应，将向量字送到总线控制器。此向量字描述了子系统希望的通信所需信息，总线控制器接收向量字，并进行分析，然后按其要求发送命令字，完成子系统请求的信息传输。应用并扩展 1553B 协议，实现多层次总线的数据通信。

定义总线字表达总线之间的通信任务，在跨总线通信中保存于网关之中，起到连接纽带作用。这种作用一般使用接收和发送两个总线字表示，其格式属于数据字，内容类似于命令字。

总线发送字格式：

发送RT地址	1	发送子地址	总线名

$D_0 \sim D_4$　　包含特定的执行码，它来识别必须返回数据的总线
11100　　指通用服务总线
11110　　指外挂管理总线
11111　　指航空电子总线
$D_5 \sim D_9$　　包含发送数据的 RT 子地址
D_{10}　　恒为 1
$D_{11} \sim D_{15}$　　包含发送数据的 RT 地址

总线接收字格式：

接收RT地址	0	接收子地址	数据字数

$D_0 \sim D_4$　　包含了字计数场，它规定了要被送出的数据字数目，该计数值应比向量字中的字计数值小 1。
$D_5 \sim D_9$　　包含了接收数据 RT 的子地址场
D_{10}　　恒为 0
$D_{11} \sim D_{15}$　　包含了接收数据的 RT 地址

网关作为 RT 接收上层参数及数据，并据此以命令方式指挥下层数据传输(作为 BC)，网关作为 RT 以异步方式向上层传送数据。

发送：BC 将组织总线接收字传至网关，网关形成命令字向下层发送数据。

接收：BC 将组织总线发送和接收字传至网关，网关形成命令字接收下层数据，网关异步传送数据到本层 RT。

以上是上层总线发起的数据传送，下层总线也可以发起数据传送，此时需要增加异步通信过程。

实例：航空电子系统结构如图 2-24 所示，假设航空电子总线上的显示子系统(地址为 RT05)需要在子地址 25 处接收一个来自通用服务总线上液压管理子系统(地址为

RT09）的 7 个诊断数据字信息。数据可以从子地址 5 得到，服务过程如下：

（1）显示子系统在其状态字中，将服务请求置成 1,向航空电子总线控制器发出一个服务请求。

（2）航空电子总线控制器接收到该状态字后向显示子系统发出一个请发送向量字的方式命令,显示子系统随后向总线控制器发送它的向量字：

0	0	0	0	0	1	1	1	0	0	0	0	0	0	1	0
RT 地址:00					子地址:28					消息字计数:2					

其含义是显示子系统要求通用服务总线接收两个数据。

（3）航空电子总线控制器接收向量字,处理并识别是显示子系统希望通用服务总线的 RT 接收数据。于是就建立一个通用服务总线控制器（作为一个 RT）与显示子系统之间的 RT 到 RT 的传输。其结果是通用服务总线控制器接收到显示子系统 29Tx 子地址上的两个数据,第一个是"总线发送字",第二个是"总线接收字"。

（4）通用服务总线控制器对第一个字进行译码,该字的内容应为：

$D_0 \sim D_4$　　11111　　表示消息启动来自航空电子总线
$D_5 \sim D_9$　　00101　　RT 子地址为 5
D_{10}　　　　1
$D_{11} \sim D_{15}$　01001　　RT 地址为 9

（5）通用服务总线控制器对第二个字进行译码,该字的内容为：

$D_0 \sim D_4$　　00111　　7 个数据字
$D_5 \sim D_9$　　11001　　显示子系统的子地址为 25
D_{10}　　　　0
$D_{11} \sim D_{15}$　00101　　显示子系统 RT 地址为 5

（6）通用总线服务控制器将上述两数据字中的一部分场信息加以复制,形成一个对液压管理子系统的命令字,其命令字为：

$D_0 \sim D_4$　　00111　　字计数值为 7
$D_5 \sim D_9$　　00101　　子地址为 5
D_{10}　　　　1　　　　发送
$D_{11} \sim D_{15}$　01001　　RT 地址为 9 即液压管理子系统

该命令是要求液压管理子系统从它的子地址 5 发送 7 个数据字到通用服务总线控制器。

（7）7 个数据字到达通用服务总线控制器,这些数据被复制到该总线控制器中的航空电子终端的分地址场 29Tx,并将"总线接收字"置入到其向量寄存器中,把其状态字中服务请求位置成 1。

（8）航空电子总线控制器发送一个"发送向量字"的方式命令,通用服务总线控制器中的航空电子终端,即将向量寄存器中的向量字,返回到航空电子总线控制器。对向量字进行译码,航空电子总线控制器就建立一个通用服务总线控制器中的航空电子终端与显示系统之间的 RT 到 RT 的数据传输。该传输命令使显示系统在子地址 25 处接收来自通用服务航空电子 RT 分地址 29 处的 7 个数据字。

(9) 显示子系统收到了它所要求的诊断数据。

2.2 ARINC429 数据总线

ARINC429 总线协议是由美国航空无线电公司(ARINC)于 1977 年 7 月提出的,同年 9 月发表并获得批准使用,它的全称是"数字式信息传输系统"(DITS),协议标准规定了航空电子设备及有关系统间的数字信息传输要求。我国与之对应的标准是 HB6096-SZ-01,俄罗斯对应的标准是 ГOCT18977 和 PTM1495。ARINC429 对于民航客机优势明显。例如,无须像 1553B 总线那样有总线控制器,适用于分布控制,也不会将一个分系统的错误传到另一个分系统,减轻了安全压力,且实现简单成本较低。正因如此,ARINC429 广泛应用在先进的民航客机中,如 B-737、B-757、B-767、B-777、A310、A320、A300、A340。ARINC429 传输介质为屏蔽双绞电缆,传输的速率有 2 个,低速用于一般的低速电子设备,而高速则用于传输大容量的数据或飞行关键信息,如罗盘及姿态指示仪(EAD)等,ARINC429 总线在军用飞机的航空电子系统中也有相当多的应用。

2.2.1 总线特征

ARINC429 总线结构简单、性能稳定,抗干扰性强。最大的优势在于可靠性高、非集中控制、传输可靠、错误隔离性好。

1. 基本结构

ARINC429 总线是面向接口型数据总线结构,总线上定义了两种设备,发送设备只能有一个,而接收设备却可以有多个,结构如图 2-25 所示。

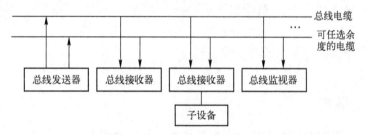

图 2-25 ARINC429 总线结构

2. 基本特点

传输方式:单向广播式。信息只能从通信设备的发送口输出,经传输总线传至与它相连的需要该信息的其他设备的接口。但信息决不能倒流至已规定为发送信息的接口中。在两个通信设备间需要双向传输时,则每个方向上各用一个独立的传输总线。由于没有 1553B 总线的 BC,信息分发的任务和风险不再集中。

驱动能力:每条总线上可以连接不超过 20 个的接收器。由于设备较少,信息传递有充裕的时间保证。

调制方式:采用双极型归零制的三态码方式。

传输速率:分高低两档,高速工作状态的位速率为 100kb/s,系统低速工作状态的位速率应在 12.0~14.5kb/s 范围内。选定后的位速率其误差范围应在±1%之内。低速用于一般的低速电子设备，高速用于传输大容量的数据或飞行关键信息。高速率和低位速率信息不能在同一条传输总线上传输。

同步方式：传输的基本单位是字，每个字由 32 位组成。位同步信息是在双极归零码信号波形中携带着，字同步是以传输周期间至少四位的零电平时间间隔为基准，紧跟该字间隔后要发送的第一位的起点即为新字的起点。

3. 电气特性

发送设备与接收设备采用双绞屏蔽线传输信息。双绞屏蔽线要求在屏蔽线两端及所有中断处接地，屏蔽层与靠近机架插座的飞机地线连接以保证可靠接地。

每个接收器应采用隔离措施，防止本接收器发生故障时，影响连在传输总线上的其他接收器正常接收数据。

发送器开路时，在发送器输出端应给出规定范围内的输出信号电平如下（发送器对地处于平衡状态）：

端口状态	高电平(V)	零电平(V)	低电平(V)
端对端	+10±1.0	0±0.5	-10±1.0
端对地	±5±0.5	0±0.25	±5±0.5

在接收器输入端出现的差动电压，取决于传输线的长度、支线配置以及传输总线所带接收器负载的个数。在没有噪声的情况下，接收器输入端的正常电压范围如下所示：

高电平范围	+6~+10V
"零"电平范围	-0.5~+0.5V
低电平范围	-10~-6V

实际上，这些额定电压将受到噪声和脉冲畸变的干扰，接收器应能识别比发送端所发送信号范围更宽的电平，电压范围如下所示：

高电平范围	+6.5~+13V
"零"电平范围	-2.5~+2.5V
低电平范围	-13~-6.5V

2.2.2 数据格式

主要叙述数字数据传输系统信息本身要素及信息处理方法。

1. 数据编码

数据传输采用双极型归零制的三态码。每一位前半周期为高电平时，表示逻辑 1，为低电平时，表示逻辑 0。后半周期电压均回零，如图 2-26 所示。

2. 数据字

基本信息单元是一个 32 位的数据字。这个数据字有 5 种形式：二进制补码(BNR)数据、十进制(BCD)数据、离散数据、维护数据、AIM 数据（即应答、ISO5 号字母表和用 ISO5 号字母表表示的维护数据），数据字格式如图 2-27 所示。

1) 信息标识符(LABEL)

一个字内含有的信息类型用三字符的标号来识别。该字的第 1~8 位，用二进制编码，但用八进制表示。这 8 位的用途是识别 BNR 和 BCD 数字内包含的信息以及识别作离散、维护和 AIM 数据用的字。总线协议中定义了标准参数库,借助于标识符可以查询到数据所对应的物理含义、类型、有效位、单位、分辨率等信息。

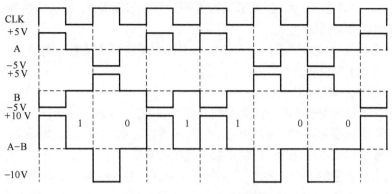

图 2-26 ARINC429 总线编码

2) 源、目标标识符(SDI)

在数据字中,第 9 和第 10 位用作数据的源、目标标识功能。当需要将特定字发送给多系统设备的某一特定接收系统时,或者多系统设备的源系统需要根据字的内容被接收器识别时,可用源、目标标识功能。当使用这种功能时,源系统应按图 2-27 所表示的第 9 和第 10 位给机载装置所确定的序号编码。接收器应识别自身装置代码的字和识别包含代码 00-全访问代码的字。在不用源、目标标识功能时,第 9 或第 10 位填充二进制 0 或有效数据。

32	31	30	29	28	~	11	10	9	8	1
P	SSM			DATA			SDI		LABEL	

30	31	BCD	BNR	AIM	FILE
00		正	故障告警	中间字	中间字
01		X	X	初始字	初始字
10		功能测试	功能测试	结束字	结束字
11		负	正常操作	控制字	中间字

SDI	设备号
00	4/all
01	1
10	2
11	3

29	BNR	OTHER
0	正	数据
1	负	数据

(a) 数据字格式

32	31	30	29	28	~	11	10	9	8	1
P	SSM	(MSB)		DATA		(LSB)	SDI		LABEL	

(b) BNR 数据字格式

32	31	30	29	28	27	26	25	24	23	22	21	20	19	18	17	16	15	14	13	12	11	10	9	8	1
P	SSM		CHAR 1			CHAR 2			CHAR 3			CHAR 4			CHAR 5							SDI		LABEL	

(c) BCD 数据字格式

图 2-27 数据字格式

3) 设备标识码(ID)

有些系统带有多个设备,设备标识码(16位)指出设备的名称,例如,信息标识符为015的风速有三种来源:ID为02表示飞行管理计算机,ID为04表示惯性系统,ID为05表示姿态和航向参考系统。

ID不在数据字格式中体现。它和信息标识符的具体含义及对应关系,在总线标准中由专门的参数表予以说明。

4) 符号、状态矩阵(SSM)

BCD数字数据的符号(正/负、北/南、东/西、右/左、去/来、上/下等)、AIM数据的字类型(初始字、中间字、控制字和结束字)和发送器硬件的状态用第30和第31位编码。离散字的符号、状态矩阵应按BCD数字数据说明的规则编码。

BNR数字数据字的符号(正/负、北/南、东/西、右/左、去/来、上/下等)和发送器硬件的状态应按字的位号29、30、31编码。

5) 数据段

对于BNR和BCD数据。每个信息可以根据系统要求采用两种数字语言编码的一种,也可以同时采用两种数字语言编码。两种数字语言编码的信息,对每一种都必须分配各自的标号。

当数据字段中有未用位时,未用位应由二进制0填充。对于BNR和BCD数据字,其未用位除可填充二进制0外,也可用有效数据位或离散量填充。

离散字用一个字来表示,它可分为两种:通用离散字和专用离散字。通用离散字占有7个标号即270XX~276XX,(XX为设备标识码)这些标号按升序使用,即从270XX开始使用,直到276 XX为止。

通用维护字占有5个标号(350XX~354XX),该标号的使用和通用离散字相同,也按升序排列,即只传输一个维护字时,就用标号350XX,当传输超过一个维护字时,首先用350XX,再按升序使用,直到维护信息结束为止。

通用维护字内可包含离散数据、BCD和BNR数据,但不包括ISO5号字母表信息。

在AIM数据的三种应用中都可以传输多于21位的数据包,源系统把要传输的信息分成几组:包含初始字、控制字(可选字)、中间字(可选字)、结束字等,每个字仍由32位组成。

应答数据字的标号为355,ISO5号字母表中的数据字的标号为357,含有ISO5号字母表中维护信息数据字的标号为356。AIM数据传输的特点是标号始终不变。

6) 校验位

使用奇偶校验方式。

3. 标准参数库

为方便理解和使用,ARINC定义了429标准参数库,展示一部分见表2-6。

我国航空工业部门对429标准进行了翻译和修订,制定出HB6096标准。两者区别很小。因国内外度量衡标准差异,导致HB6096标准参数库在单位、范围、分辨率有区别,离散字个别位定义有别,扩充了武器、攻击类参数的定义,如标号为055的"投弹距离"BNR、标号为275的"导弹武器"离散量。HB6096标准参数库(部分)见表2-7。

表 2-6 AINC429 标准参数库(部分)

a. BNR、BCD 参数表

标 号	设备号(Hex)	类型	参数名	范围	有效位	单位	分辨率	最小传输间隔/ms	最大传输间隔/ms
001	02	BCD	待飞距离	±3999.9	5	N.M	0.1	100	200
002	02	BCD	待飞时间	0~399.9	4	Min	0.1	100	200
003	02	BCD	偏航距离	0~399.9	4	N.M	0.1	100	200
103	01	BNR	空速	512	11	Knots	0.25	100	200
165	07	BCD	无线电高度	±7999.9	5	Feet	0.1	25	200
203	06	BNR	飞行高度	131072	17	Feet	1	31.3	62.5

注:1n mile=1.852km,1ft=0.3048m,1kn=1n mile/h=1.852km/h

b. 离散字(大气数据)

位 号	功 能	位 状 态	
		0	1
1~8	270		
9~10	源/目标标识(SDI)		
11	结冰检测器(icing detector)	断开	接通
12	全压管加温(pitot probe heat)	断开	接通
13	数据系统计算机状态(ADS computer statue)	良好	故障
14	全压管/静压管温度(pitot/static probe heat)	未接通	接通
15	静压源加温(static source heat)	未接通	接通
16	总温探头加温(TAT probe heat)	未接通	接通
17	左侧迎角传感器加温(left side angle of attack sensor heat)	未接通	接通
18	右侧迎角传感器加温(right side angle of attack sensor heat)	未接通	接通
19	过速告警(overspeed warning)	不告警	告警
20~26	保留		
27	迎角交错纠正(angle of attach alternate correction)	不纠正	纠正
28	气压修正到A通道(baro-correction port "A")	不修正	修正
29	零马赫静态源误差修正(zero mach SSEC)	不修正	修正
30~31	符号/状态位(SSM)		
32	奇校验位(parity(odd))		

c. 离散字(飞控待发状态)

位 号	功 能	位 状 态	
		0	1
1~8	273		
9~10	备用(unassigned)		
11	测试(test)	未请求	请求
12~15	纬度、飞行管理系统测向和导航状态、测向导航、垂直导航(LAT、FMC、LNAV、VNAV)	未待发	待发
16~19	着陆航向信标台、背台、进场2、着陆2(LOC、back course、appr 2、land 2)	未接通	接通
20~25	着陆1、着陆3、下滑面、伏尔、上升、下降(land 1、land 3、glideslope、VOR、climb、descent)	未待发	待发
26~29	备用(unassigned)		
30~31	符号/状态位(SSM)		
32	奇校验位(parity(odd))		

表 2-7 HB6096 标准参数库(部分)

a. BNR、BCD 参数表

标号	设备号(Hex)	类型	参数名	范围	有效位	单位	分辨率	最小传输间隔/ms	最大传输间隔/ms
001	02	BCD	待飞距离	±7999.9	5	km	0.1	100	200
002	02	BCD	待飞时间	0~399.9	4	s	0.1	100	200
003	02	BCD	偏航距离	0~799.9	4	km	0.1	100	200
103	01	BNR	空速	0~1024	11	km/h	0.5	100	200
165	07	BCD	无线电高度	0~2999.9	5	km	0.1	100	200
203	06	BNR	飞行高度	0~32768	16	m	1	31.3	62.5

注:ARINC429 标准中,单位为海里(n mile)、英尺(ft)、节(kn)。

b. 离散字(大气数据)

位 号	功 能	位 状 态	
		0	1
1~8	270		
9~10	源/目标标识		
11	结冰检测器	断开	接通
12	全压管加温	断开	接通
13	数据系统计算机状态	良好	故障

第2章 第三代飞机机载总线

续表

位 号	功 能	位 状 态	
		0	1
14	全压管/静压管温度	未接通	接通
15	静压源加温	未接通	接通
16	总温探头加温	未接通	接通
17	左侧迎角传感器加温	未接通	接通
18	右侧迎角传感器加温	未接通	接通
19	过速告警	不告警	告警
20~29	备用		
30~31	符号/状态位		
32	奇校验位		

注：ARINC429标准中第27位为迎角交错纠正，28位为气压修正到A通道，29位为(Zero Mach SSEC)

c. 离散字（飞控待发状态）

位 号	功 能	位 状 态	
		0	1
1~8	273		
9~10	备用		
11	测试	未请求	请求
12~15	纬度、飞行管理系统测向和导航状态、测向导航、垂直导航	未待发	待发
16~19	着陆航向信标台、背台、进场2、着陆2	未接通	接通
20~25	着陆1、着陆3、下滑面、伏尔、上升、下降	未待发	待发
26~29	备用		
30~31	符号/状态位		
32	奇校验位		

例1：分析HB6096总线数据6D3800C2H的物理意义。

6D3800C2H = 0　110　11010011100　0000000　00　11000010B

后8位反读为103Q，经过查询标准参数库得知，该数据表示空速，二进制补码BNR格式，数据单位为km/h，分辨率为0.5，有效数据位为11位（左对齐），校验方式为奇校验。据此得出数据是+69CH×0.5=+846.0km/h的空速。

例2：按HB6096总线数据字格式写出偏航距离：偏东225.6km。

经过查询参数库得知，偏航距离用十进制BCD格式表达，其标识符为003Q，单位为km，有效数据为4位，分辨率为0.1。据此得出总线数据为

1　00　010　0010　0101　0110　0000　00　11000000 = 889580C0H

2.2.3 通信控制

文件数据传输的规定如下：

1. 命令、响应协议

文件数据传输采用命令、响应协议进行,其传输数据为二进制数据字和 ISO5 号字母表字符两种。文件的结构形式是:一个文件由 1~127 个记录组成,一个记录又由 1~126 个数据字组成。

文件、数据传输协议如下:

1) 正常传输

当发送器有数据要送往接收器时,发送器通过传输总线发送"请求发送"初始字(其中包括待发送的记录个数),接收器收到此初始字后,通过另一条传输总线以"清除发送"初始字作为应答,表示接收器准备好可以接收数据。发送器收到此应答,先发送第一个记录。

在发送记录的过程中,先发送"数据跟随"初始字,内容包括记录的序号及记录内的字数,后跟"中间字"和"结束字"。接收器成功接收信息后发送"接收正确"初始字以结束一个记录的传输。接着进行下一个记录的传输,直到文件传输完毕。

2) 错误处理

接收器未准备好:

发送器发送"请求发送"初始字后,接收器则以"清除发送"初始字作为应答,若该初始字的内容为接收器未准备好(即第 9~15 位为二进制 0)时,发送器等 200μs 后再重发"请求发送"初始字。直到发送器接到接收器准备好的"清除发送"初始字后,按正常传输进行文件数据传输。

奇偶校验错:

接收器在接收过程中检查到一个奇偶校验错,接收器应发送"接收不正确"初始字,请求错误校正。这时,发送器应中断发送并回到被识别错误的起点,再按正常传输发送"数据跟随"初始字、中间字及结束字,直到文件数据传输完毕。

失步:

接收器通过发送"失步"初始字,随时向发送器发送"失步"通告,发送器收到该字后,应立即终止数据流,并回到文件的起点,再按正常传输重新发送。

3) 标题信息传输

发送器不发送自身文件,也不请求接收文件时,允许发送器发送文件规模。信息发送器只发送一个"标题信息"初始字给接收器。

4) 联络

在两终端间彼此有信息连接交换的系统内,甲终端发出"查询"初始字,乙终端若有数据需要传输,就发送"请求发送"初始字作为响应。若乙终端无数据传输,则对甲终端也发一个"查询"初始字,以询问甲终端是否有数据向乙终端发送。

2. 传输控制字

1) 初始字

初始字有 8 种类型:请求发送初始字(发送器到接收器)、清除发送初始字(接收器到发送器)、数据跟随初始字(发送器到接收器)、接收正确初始字(接收器到发送器)、接收不正确初始字(接收器到发送器)、失步初始字(接收器到发送器)、标题信息(发送器到接收器)、查询(双向)。

2) 中间字

中间字用来传输文件的数据,传送 ISO5 号字母时,标号采用 357,第 9~29 位规定为 ISO5 号字母表字符,传送字符时,第 1~8 位为文件标号,第 2~29 位为 ISO5 号字母表字符,传送 BNR 数据时,第 1~8 位为文件标号,第 2~29 位为二进制数据。

3) 结束字

每个记录的结束字包含错误控制信息。

3. 字类型编码及文件数据格式

文件传输用每个字的第 30、31 位表示字类型,文件传输数据为 ISO5 号字母和二进制数据字。文件传输的标号根据文件的应用而定,包括管理计算机系统相互通信等,如需要有优先级操控能力,有必要给这些应用中的文件分配一个以上的标号。

2.2.4 接口逻辑

由 HARRIS 公司生产的 HS-3282、HS-3182 芯片组是典型的 CMOS 总线接口电路,它是为满足 ARINC429 及类似的译码、时间分享串行数据口的要求设计的。HS-3282 总线接口芯片包括两个独立的接收器和一个独立的发送器。接收器的工作频率是接收数据率的 10 倍。接收器的接收数据率可以和发送器的发送数据率相同,也可以不同。虽然两个接收器工作在同样的频率,它们在功能上是独立的,而且每个都异步的接收串行数据。HS-3282 芯片的发送器主要由一个 FIFO 存储器和定时电路组成,FIFO 存储器用于保存 8 个 ARINC429 数据字,以便顺序的发送。定时电路用于正确区分每一个 ARIN429C 数据字以满足 ARINC429 规定。

虽然 ARIN429 规定每一个字为 32 位(包含奇偶位),HS-3282 还可以设定为每字 25 位。在接收器内部,校验电路将对接收的数据自动进行奇偶校验。在发送器中,奇偶发生器将自动生成校验位,并随数据发出。究竟是奇校验还是偶校验,这取决于控制字中的 PA 设定。

外部的 TTL 时钟同时被加入到接收器和发送器,并可以使电路工作在 0~1M 位速度。外部的 TTL 时钟必须是数据率的 10 倍,以确保数据收/发正确。

HS-3282 和 HS-3182 完全支持 ARINC429 的数据传输,它表现为两个方面:一是它符合 ARINC429 的电压要求;二是它符合军用温度范围。它可以和 TTL、CMOS 和 NCMOS 连接,而且使用标准的 5V 电源电压。

1. HS-3282 主要特性

数据传输率为 100Kb/s 或 12.5Kb/s,内部操作时钟为 1MHz。

独立的单发送和双接收通道。

数据字长度为 25 位或 32 位。

可编程的奇偶校验。

自动产生字与字之间的间隔。

2. HS-3282 工作原理

HS-3282 接口内部电路如图 2-28 所示。因为两个接收器在功能上是相同的,所以这里只介绍一个接收器。

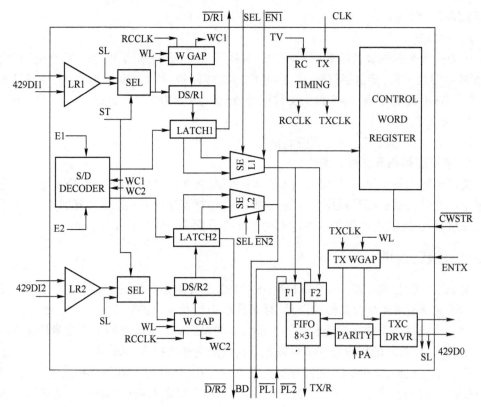

图 2-28 HS-3282 内部电路图

1) 接收通道

线性接收器(LR),它的功能是转换电压电平。它把 429 格式 10V 不同的线性电压转换成 5V 的内部逻辑电平。

自测试选择器(SEL),线性接收器的输出是 SEL 的两个接收信号之一,它输出到自测试数据选择器上,到 SEL 的另一个信号是从发送器来的,用于进行通道自测试。

字间隔定时器(WGAT),无论是自测试还是 ARINC 总线来的数据都被 WGAT 采样,以产生数据时钟。接收采样频率由接收发送定时电路产生(10MHz,1MHz,125MHz),这个采样频率是数据率的 10 倍,以确保采样无误。

数据移位寄存器(DSR),接收数据时钟产生后就被用于移动数据到 32 位的长数据移位寄存器中,数据字的长度可以是 25 位也可以是 32 位,这由控制字决定。当一个字被全部接收到后字间隔定时器电路立即产生一个 WC 信号。

源/目标解码器(S/D DEC),它的功能是把用户设定的码(X 和 Y)与数据位的第 9 和第 10 位比较,如果两码相匹配,它将产生一个 WC 信号,以锁存接收到的数据;否则,数据被放弃,不产生锁存动作。E 信号控制 S/D DEC 是否进行解码。如果数据被锁存,将产生一个指示信号 D/R,表示一个有效数据等待取走。

接收到的数据进行校验并存储其结果,然后从 16 位的数据线 BD 输出。

当用户读取数据时,他首先要给 SEL 信号一个逻辑 0 电平并给 EN 一个脉冲,包括标号域的第一个 16 位数据字就被送到数据总线上。要获得第二个 16 位数据字,用户必须设置 SEL 信号到逻辑 1 电平,再给 EN 一个脉冲,EN 的脉冲要和用户所使用的锁存数据字的电路相匹配。第二个 EN 脉冲还用于复位 D/R 信号,这样一个取数周期就完成了。

2) 发送通道

发送器部分包括一个具有 8 个 31 位字长的 FIFO 存储器、奇偶校验码产生器、发送字间隔定时电路和驱动电路。

FIFO 存储器被设计成如下方式:从总线上装入的数据会自动的传送到输出寄存器,以便串行发送。因为数据不用从输入寄存器一拍一拍地移到输出寄存器,所以节省了大量时间。FIFO 输入寄存器由两个 16 位 D 型触发器组成,它们由 PL1 和 PL2 控制,在 PL 信号的正半周内,总线上来的数据被打入 D 型触发器。如果 FIFO 存储器是空的或不满,数据会自动地在存储器栈中下移,直到 FIFO 存储空间满。

如果 ENTX 没有产生有效信号,数据会保持在输出寄存器中。FIFO 的空间最多保持 8 个 31 位的数据字,如果 FIFO 的空间已满,新的数据仍由 PL 打入输入寄存器,新的数据会冲掉原数据,而 FIFO 的数据指针,使数据顺序下移到发送寄存器中。

输出寄存器的设计如下:它可以移动 25 位或 32 位字长,字长的选择由 WL 控制。发送器字间隔定时电路会自动地在每个字后加入 4 位字长的空字符。这就给出了移动 29 位或 36 位字长所需要的最短时间。假设 ENTX 信号一直保持逻辑 1,栈移动信号一直使数据下传,数据将连续发送,直到 FIFO 中的最后一个数据被发出去,这时 TX/R 信号将产生 1,告诉用户发送器空,等待发送另外 1~8 个数。

位计数器用于检查每个数的最后一个数是否发送完。如果发送完,它还要将奇偶校验位加上。奇偶产生器有一个控制信号 PA,用于指示发送器的数据是奇校验还是偶校验。PA 设置成逻辑 1 时,将产生奇校验;相反,产生偶校验。

3. HS-3282 引脚功能(图 2-29)

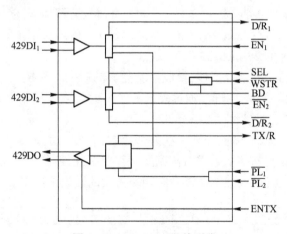

图 2-29 HS-3282 芯片引脚

$429DI_1$:输入,用于接收器 1。ARINC429 接收数据串行口。
$429DI_2$:输入,用于接收器 2。ARINC429 接收数据串行口。
D/R_1:输出,用于接收器 1。表示接收器 1 接收到一个有效数据等待读出。
D/R_2:输出,用于接收器 2。表示接收器 2 接收到一个有效数据等待读出。

SEL：输入，用于接收器，总线数据选择信号。表示从接收器选择第一个或第二个 16 位数据字。

EN_1：输入，用于接收器。允许接收器的数据到数据总线。

EN_2：输入，用于接收器。允许接收器的数据到数据总线。

BD_{0-15} 输入/输出，接收/发送器并行数据口。用于接收器所收到的数据输出或往发送器的存储器里装入数据。

PL_1：输入，发送器并行加载信号。把第一个 16 位数据装入发送器的存储器。

PL_2：输入，发送器并行加载信号。把第二个 16 位数据装入发送器的存储器，并且使发送器指针指向数据栈(存储器)。

TX/R：输出，发送器标志信号。表示发送器的存储器空。

429DO：输出，发送器输出的串行数据口。

ENTX：输入，发送器允许信号。启动发送器从 FIFO 存储器中发出数据。

WSTR：输入，控制字选择信号。加载控制字到控制字寄存器中。

VCC：输入，外接电源+5V±10%。

VSS：输入，电路接地线。

F：输出，时钟输出信号。

FC：输入，时钟输入信号。

TTL CLK：输入，外部 TTL 时钟信号，它必须是数据率的 10 倍。

TX CLK：输出，发送器输出时钟。

MR：输入，总复位信号。

4. HS-3282 控制字

HS-3282 是为了满足 ARINC429 和其他串行数据口所设计的。为了在一个简单的低功耗的 LSI 电路上集中接收、发送、异步、定时和奇偶校验等功能，使用了一种简单的控制模式，即控制字方式。它在满足 ARINC429 的基础上，提供了可选择的奇校验或偶校验，还提供了由用户选择的 25 位或 32 位字长。

接收器和发送器相互独立工作，接收器所需要的串变并转换及发送器所需要的并变串转换，也设计于 HS-3282 内部。通过外部的 TTL 时钟输入来提供 0~1 兆的时钟信号，外部的 TTL 时钟必须是数据率的 10 倍。

为了满足以上所述的功能，需要一些外部控制信号，为了减少管脚数目，设计了一个内部控制字寄存器。控制字从数据口传到此寄存器中，由控制信号 CWSTR 写入。

控制字具有 11 位，这些控制功能及它们所占用的数据位如图 2-30 所示。

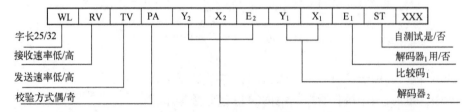

图 2-30 HS-3282 控制字格式

ST：选通从发送器到接收器的自测试。置 1，接收线来的数据被移入接收暂存寄存器；置 0，发送器发出的数据被移入接收暂存寄存器。

E_1、E_2：激活 S/D 解码器。置 1，激活 S/D 解码器；置 0，取消 S/D 解码器。

X_1、Y_1、X_2、Y_2：预置的 S/D 码，与接收总线的相应 SDI 数据位进行比较。

PA：控制奇偶校验。置 1，为奇校验；置 0，为偶校验。

TV：选择高或低发送器数据率。置 1，发送器时钟频率为输入时钟频率的 1/80；置 0，发送器时钟频率为输入时钟频率的 1/10。

RV：选择高或低接收数据率。置 1，接收数据的采样频率为输入时钟频率的 1/80；置 0，接收数据的采样频率为输入时钟频率。

WL：选择字长。置 1，发送和接收数据字长为 25 位；置 0，发送和接收数据字长为 32 位。

ARINC429 数据格式按表 2-8 从发送器中发出或输入到接收器。在 16 位数据线上进行输入输出时，这个格式将发生变换。表 2-9、表 2-10 所列格式为从接收器输出的数据和往发送器输入的数据格式。

表 2-8 ARINC429 数据格式

位	功　能
1~8	Label
9~10	SDI 或 DATA
11	LSB
12~17	DATA
28	MSB
29	Sign
30,31	SSM
32	P

表 2-9 ARINC429 字 1 格式

位	功　能	变换前位
16,15	DATA	13,12
14	LSB	11
13,12	SDI 或 DATA	10,9
11,10	SSM	31, 30
9	P	32
8~1	Label	1~8

表 2-10 ARINC429 字 2 格式

位	功　能	变换前位
16	Sign	29
15	MSB	28
14-1	DATA	27~14

如果接收器在一个数据串接收完这前被打断,接收器将复位,并放弃所接收到的半个数据。如果发送器要发送连续的数据字,每个数据字之间将自动插入四位空位(正、负输出都保持 0V 电压输出)。

HS-3182 接口的作用是将 HS-3282 发送通道的 TTL 数据信号转变成差分曼 II 编码发送到 ARINC 总线上去。

2.2.5 接口应用

AEB 系列 429 总线接口板基于美国 HOLT Integrated Circuits 公司的 ARINC429 系列芯片进行设计的,该公司 ARINC429 系列芯片产品齐全,完全符合 ARINC429 总线协议,具有独立的双向接收和发送接口,无须驱动可直接上 ARINC429 总线,可自动产生字与字之间的间隔等功能。

1. 接口结构

AEB 系列板卡接口形式多样,包括 PCI 总线、CPCI 总线、PCI-E 总线、PXI 总线、USB 总线、PC104 总线接口等,通道数可实现 1 发 2 收、2 发 4 收、3 发 6 收、4 发 8 收、8 发 16 收。每个接收通道有 32×32b 的接收 FIFO;每个发送通道有 32×32b 的发送 FIFO;各通道数据传输相互独立;有自检功能;奇偶校验软件可设;支持标号和 SDI 过滤功能;传输率 12.5kb/s,48kb/s,100kb/s,可设置功能。AEB4P-8 总线接口结构如图 2-31 所示。

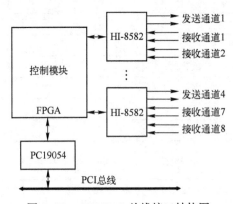

图 2-31 AEB4P-8 总线接口结构图

2. 安装使用

AEB 系列板卡可运行在 Windows 2000/XP/Vista7/8、VxWorks 操作系统下,提供相应的板卡安装包,支持用户进行开发。在 Windows 操作系统下,其一般使用流程为:

(1) 运行 AEB4P-8.msi 安装包。

(2) 关闭计算机,打开机箱盖,插好 AEB4P-8 接口板。

(3) 计算机加电,Windows 找到新硬件。

(4) 选择指定驱动程序位置。

(5) Windows 驱动程序搜索设备,选择安装驱动信息文件(在安装包目录 AEB4P-8\Driver\AEB4P.inf)。

(6) 选择自动安装驱动。

(7) 安装动态链接库;将动态链接库 PCIDLL.dll 文件添加到\windows\system32 目录

下或者添加到与应用程序相同的目录下,将动态链接库 PCIDLL.lib 文件及相关的头文件 PCIDLL.h 添加到应用软件的目录下,并在开发环境中设置好环境变量。

AEB 系列板卡外部接口采用统一的 SCSI68 针连接,具体通信接口 SCSI68 针定义如表 2-11 所示。

表 2-11 AEB 系列板卡接口 SCSI68 针定义

管 脚	名 称	说 明	管 脚	名 称	说 明
34	TxA1	第 1 路发送 A 端	33	TxB1	第 1 路发送 B 端
32	RxA1	第 1 路接收 A 端	31	RxB1	第 1 路接收 B 端
30	RxA2	第 2 路接收 A 端	29	RxB2	第 2 路接收 B 端
28	TxA2	第 2 路发送 A 端	27	TxB2	第 2 路发送 B 端
26	RxA3	第 3 路接收 A 端	25	RxB3	第 1 路接收 B 端
24	RxA4	第 4 路接收 A 端	23	RxB4	第 2 路接收 B 端
22	TxA3	第 3 路发送 A 端	21	TxB3	第 3 路发送 B 端
20	RxA5	第 5 路接收 A 端	19	RxB5	第 5 路接收 B 端
18	RxA6	第 6 路接收 A 端	17	RxB6	第 6 路接收 B 端
16	TxA4	第 4 路发送 A 端	15	TxB4	第 4 路发送 B 端
14	RxA7	第 7 路接收 A 端	13	RxB7	第 7 路接收 B 端
12	RxA8	第 8 路接收 A 端	11	RxB8	第 8 路接收 B 端
10	RES	保留	9	RES	保留
8	GND	系统地	7	GND	系统地
6	GND	系统地	5	GND	系统地
4	GND	系统地	3	GND	系统地
2	GND	系统地	1	GND	系统地
35~68	RES	保留	注:8 发 16 收板卡接口另行定义		

3. 数据结构

(1) LabelTable 标号数据结构。

typedef struct LabelTable{

  BYTE   LableNum;//标号过滤的数目,小于或等于 16 个

  BYTE   LableFilterChan[16];//标号过滤表

}LabelTable_STRUCT;

(2) data_struct 发送数据结构。

typedef struct data_struct {

  AEB4P_U8 DataNum;//发送数据的数目,小于或等于 32 个

  AEB4P_U32 DataArray[32];//32 个发送数据缓存

} DATA_STRUCT;

4. AEB 系列 ARINC429 板卡控制函数

AEB4P_Find_Cards：查找系统发现的 AEB4P 板卡。
AEB4P_Card_Open：打开 429 板卡，分配板卡资源。
AEB4P_Reset_Chip：板卡内某芯片复位函数，芯片将清空发送和接收 FIFO。
AEB4P_Enable_48K_Frequecy：48K 波特率使能函数。
AEB4P_Set_ConfigureWord：设置 429 配置字，包括波特率和数据位长度及发送奇偶校验设置。
AEB4P_Get_ConfigureWord：返回设置的 429 配置字，包括波特率和数据位长度及发送奇偶校验设置。
AEB4P_Set_LableFilter：设置接收通道 429 数据的标号过滤函数。
AEB4P_Get_LableFilter：返回设置接收通道 429 数据的标号过滤函数。
AEB4P_Enable_LableFilter：接收通道 429 数据的标号过滤使能函数。
AEB4P_Get_RChannelStatus：读取接收 FIFO 的状态，包括接收 FIFO 的空、满、溢出标志。
AEB4P_Get_SChannelStatus：读取发送 FIFO 的状态，包括发送 FIFO 的空、满、溢出标志。
AEB4P_Enable_SendData：使能发送数据。
AEB4P_Read_Data：数据接收函数。
AEB4P_Send_Data：数据发送函数。
AEB4P_Send_DataArray：数据发送函数。

5. 操作使用

（1）查找并打开板卡（AEB4P_Find_Cards，AEB4P_Card_Open）。
（2）复位板卡（AEB4P_Reset_Chip）。
（3）设置数据格式。
设置配置字（AEB4P_Set_ConfigureWord）。
启动或停止 48K 波特率（AEB4P_Enable_48K_Frequecy）。
（4）设置标号过滤功能。
设置待接收数据的标号（AEB4P_Set_LableFilter）。
启动标号过滤功能（AEB4P_Enable_LableFilter）。
（5）数据的接收。
判断接收 FIFO 是否为空（AEB4P_Get_RChannelStatus）。
若不为空，则读取数据（AEB4P_Read_Data）。
重复以上两步
（6）数据的发送。
发送数据允许（AEB4P_Enable_SendData）。
读取发送 FIFO 的状态（AEB4P_Get_SChannelStatus）。
若发送 FIFO 不为满，则发送数据（AEB4P_Send_Data 或批量发送数据函数 AEB4P_Send_DataArray）。
（7）应用程序退出时，关闭板卡（AEB4P_Card_Close）。

2.2.6 俄制飞机总线特点

俄制作战飞机总线，采用符合俄罗斯ГОСТ18977和РТМ1495标准的32位双极性归零串行数据（简称为32位码）进行数字信息的传送和交换。俄罗斯标准ГОСТ18977规定的是飞机和直升机的成套机载设备通信的电气特性。其中一部分规定了与美国标准ARINC429相对应的串行码信号的类型及其电气标准。而与之配套的РТМ1495技术资料中则规定了按照ГОСТ18977采用双极性码进行信息交换的具体方法。

РТМ1495规定的信息交换可以分为三种方法：异步交换、询问交换和有准备交换。其中：询问交换是由接收端发出通信请求后进行数据交换；有准备交换是由发送端向接收端发出"开始传递信息"的通知，在接收用户有准备的情况下发送数据的数据交换；异步交换则是通信的双方不进行任何握手的动作就进行的数据交换。在此情况下，数据的发送端不断地播出由若干个字或一个字组成的信息，而接收端可以按照自己的程序独立接收，并可按照地址选取需要的参数。异步交换是总线标准中最重要的交换方法，同时它也是和ARINC429的交换方法相对应的方法。

根据ГОСТ18977和РТМ1495的规定，通信中可以采用的四种数据的格式：二进制补码（BNR），十进制码（BCD）、指令和标志码，以及由字母、符号、数字组成的字符码。这四种数据的通信都要按照РТМ1495规定的32位的串行数据的方式来发送和接收，具体的在32位的字中格式定义如表2-12所列。

表2-12 РТМ1495规定的数据字格式

(a) BNR 字格式

PARITY (32)	SSM (31~30)	数据------> DATA(29-9) <------填充	LABEL (8~1)

(b) BCD 字格式

PARITY (32)	SSM (31~30)	数据------> DATA(29-9) <------填充	LABEL (8~1)

(c) 指令和标志码字的格式

PARITY (32)	SSM (31~30)	数据------> DATA(29-9) <------填充	LABEL (8~1)

(d) 字母、符号、数字组成的字符码字格式

PARITY (32)	7单元码 (31~25)	1 24	7单元码 (23~17)	0 16	7单元码 (15~9)	LABEL (8~1)

其中的SSM是类似于ARINC429的符号/状态矩阵，但是在俄罗斯的标准中，并没有对不同类型的数据字作不同的SSM的定义（除了在"由字母、符号、数字组成的字符"中没有SSM以外），而是采取了统一的如表2-13的定义。

表 2-13 PTM1495 规定的符号状态矩阵定义

位 号		数 位 值
31	30	
0	0	信息可靠和正、北、东、右、去往、上
0	1	参数故障或控制数据
1	0	信息不可靠,数据尚未准备好
1	1	信息可靠和负、南、西、左、来自、下

从以上的字节结构以及 SSM 的定义中可以发现,虽然 ГOCT18977 和 PTM1495 定义的数据通信字和 ARINC429 一样都是 32 位的结构,并且都采用以 LABEL 作为信号标识的方法,但是在具体的意义上还是有很大的区别,表现在参数库的定义中。

另一个需要说明的问题是在"由字母、符号数字组成的字符"的定义中,各个"7 单元码"的定义是根据国际标准化组织字母表 5 号(也就是 ARINC429 中的 ISO5 号字)的代码有限矩阵和作为俄罗斯标准的 ГOCT13052-74 规定的有限矩阵共同组成的一个字母表。这主要是为了将 ISO5 标准扩展成包括俄语字母的更完整的一个矩阵。

在电气标准方面,依照 ГOCT18977 的规定采用与 ARINC429 标准相同的双极性归零制的三态码调制方式,而在对信号电平的定义上,ГOCT18977 的定义如表 2-14(表中所列均为 A 线到 B 线电位差)所列。

表 2-14 ГOCT18977 信号的电平标准

状 态	发 送 端	接 收 端
HI	+10V±1.0V	+10V±3V
NULL	0V±1.1V	0V±1.3V
LO	−10V±1.0V	−10V±3V

将其与 ARINC429 定义的电平标准比较就可以发现,两套标准对电平的定义是基本一致的,区别在于 ГOCT18977 给接收端的偏差较小,这就意味着 ГOCT18977 对接收器的要求较低,可以利用标准的 ARINC429 协议收发器对 ГOCT18977 信号进行处理。

ГOCT18977 中规定的串行码类型信号,可以在 12Kb/s、48Kb/s、100Kb/s、250Kb/s 几种速率下工作,而目前的飞机系统和装置一般多采用 48Kb/s、公差为±25%的信息传输速度进行工作。

俄制总线重新定义并扩充了标准参数库,飞机不同参数库有所差异如表 2-15、表 2-16 所列。

表 2-15 俄制飞机参数库(部分)

标 号	线 号	参数名	范围	最低有效位	有效位	单 位	有效值	有效值
222	6A	飞行高度	0~63500	22	7	m	500	L
221	6A	目标高度	736~3000	23	6	m	472	L
230	18A	冀空速	150~3500	15	15	km/h	2365	H

表 2-16 俄制飞机参数库(部分)

(a) BNR、BCD 参数表

类型	物理量	有效位	单位	分辨率
BNR	无线电高度	17	m	1
BCD	短波电台频率设置	6	Hz	100

(b) 应答字(短波电台)

位号	功能	位状态	
		0	1
1~8	标号		
9	监控显示	NO	OK
10	调整显示	NO	OK
11	显示发射机	NO	OK
12	显示接收机	NO	OK
13	组件监控	NO	OK
14	故障	正常	故障
15	弹射显示	NO	OK
16	现有发射机	NO	OK
17	25%功率	NO	OK
18	热压防护	NO	OK
19	组件监控	NO	OK
20	组件监控	NO	OK
21	组件监控	NO	OK
22	Б1 故障	正常	故障
23	X		
24	X		
25	Б5 故障	正常	故障
26	X		
27	X		
28	X		
29	综控台故障	正常	故障
30~31	符号/状态位		
32	奇偶校验位		

(c) 一次性输出指令(故障告警)

位号	功能	位状态	
		0	1
1~8	标号		

续表

位 号	功 能	位 状 态	
		0	1
9~10	源/目标标识		
11	倾斜-捷联惯导+备用仪表	正常	故障
12	倾斜-捷联惯导+备用仪表	正常	故障
13	航向-捷联惯导+备用仪表	正常	故障
14	马赫数	正常	告警
15	完全高度	正常	告警
16	相对高度	正常	告警
17	表速度	正常	告警
18	实际速度	正常	告警
19	V_y	正常	告警
20	G燃料|燃料流量控制	正常	故障
21	H相对|信息控制系统	正常	故障
22	G悬挂|信息控制系统	正常	故障
23	V给定|信息控制系统	正常	故障
24	X		
25	方向舵的操控信号	正常	故障
26	舵机反馈传感器|左右	正常	故障
27	机翼前缘操控信号	正常	故障
28	无线电信表特种设备	正常	故障
29	起落架控制组件整流装置	正常	故障
30~31	符号/状态位		
32	奇校验位		

从以上的分析中可以看到,ARINC429总线与俄制总线两套标准很多方面都是相同的,而差别主要有三个方面:数据的格式、信号的传输速率和参数库的定义。

第3章 第四代飞机机载总线

以1553B总线为基础的联合式综合化结构虽然使飞机的功能和性能前进了一大步,然而,对于高度复杂的航空电子系统,它表现出总线带宽不足、健壮性较差、容错能力有限和维修工作复杂等系统局限性。随着各种武器系统的发展,对航空电子系统提出了更高的性能、功能和更高程度的综合化要求。

第四代飞机的主要特点是飞机航空电子系统使用了分布式结构实施控制和管理,按功能分为多个功能区。各个功能区之间通过分布式高速多路传输总线互连。软件、硬件、连接均进行了高度综合,光纤作为传输介质,具有高吞吐量、低延迟的通信带宽,通过交换机进行集中交换,具备了强大的容错和重构能力,是新一代机载总线的发展方向。具有代表性的成果是美国公布的LTPB、FC和AFDX总线标准,使用在Cy-35、F-22、F-35、AH-66、C919、B787、A380、A400M等多种飞机上,表3-1给出了具有代表性的机载数据总线的性能比较。

表3-1 总线性能比较

性能	1553B	LTPB	FC
数据率	1Mb/s	50Mb/s	1Gb/s(半);2Gb/s(全)
最大节点数	32	128	16M
拓扑结构	总线	星型总线	点到点、仲裁环、交换式
访问方式	命令响应	令牌	点到点、广播
数据交互方式	消息传输	消息传输	消息传输或共享内存方式
距离	190m	1km	30m(电)~10km(光)
消息字计数	32	4096	2048
标准化	MIL-STD-1553	SAE AS 4074	ANSI X3.2
实施计划	DAIS 计划	Pave Pillar 计划	JAST 计划

3.1 F-22飞机总线LTPB

美军战术战斗机F-22通过新型总线形成高度集成化、数字化、小型化的综合机载系统,其航电的关键模块借助LTPB总线构成一个功能强大的、分布式的实时处理系统。LTPB总线是整个F-22机载航电系统内部信息交换的主要通道,它的功能和性能直接影响到整个航电系统的性能。该总线也用于"科曼奇"武装直升机的电子模块背板间及机柜间的数据传输。

3.1.1 基本特征

线性令牌传递总线(linear token passing bus,LTPB)是由美国自动化工程协会(SAE)制定的军用数据总线,支持串行分布式控制的线性令牌消息传输网络,它共定义了令牌消息、站管理消息、数据消息三种消息类型,数据传输速率为50Mb/s,最多可连接128个终端,消息最大长度为4096个字,最大误码率为10^{-10}。

以上优点使得它能很好地用于对实时性、可靠性有特殊要求的军用航空电子系统。在"宝石柱"计划中,LTPB主要用于各个航空电子机柜(RACK)之间的高速数据交换,所以,它是整个"宝石柱"计划的支柱和脊骨。

3.1.2 通信协议

1. 系统结构

从物理上看,LTPB是星型拓扑结构,易于监控网络上信息的传送及整个网络的状态,但从逻辑上看,它按站点地址递增顺序形成环形拓扑结构,如图3-1所示。LTPB规定了路径双冗余结构和同步冗余机制,消息同时在两套介质发送,提供了透明的介质恢复和消息重试。其星型结构便于错误隔离和故障定位,便于检测和维护。

从图3-1可以看出,各个站点均连至一个中央星型光耦合器上,该耦合器可选择无源或有源。无源星型耦合由于要在所有站点间平分光能量,网络规模有一定的限制。而采用有源星型耦合可以克服此缺点,因它能够作为中继器来放大和均衡光能量,但该耦合器需要增加电源、技术实现难度大,需解决相位抖动问题。在机载环境下,一般选择无源星型耦合系统作为LTPB的物理连接网络,中央星型耦合器可能造成LTPB的单点故障,因而需要双余度星型网络提高系统的可靠性。因为LTPB可以广播,所以整个总线的监视比较容易。

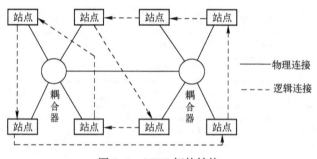

图3-1 LTPB拓扑结构

图3-2是LTPB节点的功能框图,同时给出了它同ISO/OSI基本参考模型的对应关系。它由物理介质层和总线接口单元(BIU)组成。BIU是节点主机同总线介质的接口,由5个主模块构成,即主机接口单元(HI)模块、站管理单元(SM)模块、令牌传递单元(TPIU)模块和两个介质接口单元(MIU)模块,其核心是TPIU,由它控制和协调各个模块的工作,支持SAE-AS4074协议功能实现新一代航空电子结构中高速公用信息处理层面上的信息和资源共享。MIU是冗余形式的配置,以完成循环冗余校验(CRC)来提高信息

传输的可靠性。SM 专用于支持 LTPB 网络节点之间加载、配置、测试、同步等网络管理功能，可看成维护协议正确操作机构。

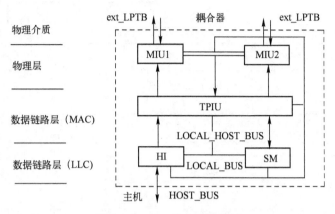

图 3-2 LTPB 节点功能框图

如图 3-2 所示，前端 BIU 在顶层上共有 4 组总线，外部接口总线有两组：一是与主机相接的主机接口总线（HOST_BUS），它是并行总线，用于 BIU 与主机交换数据、命令和状态。二是与光纤介质相连的外部串行高速数据总线（ext_LTPB），用于支持网络中各个站点之间的高速数据通信。BIU 内部总线也有两组：一是与 5 个主模块都互连的局部总线（Local_Bus），由它完成 TPIU 内部各个寄存器的读/写操作。在接收 LTPB 网络的消息时，通过局部总线将 MIU 解包后的消息送到 HI 的接收缓冲区中。由于它互连的模块最多，而且工作负担最为繁忙，故专门划分出来；二是局部-主机总线（Local_Host Bus），它连接了 HI、SM 和 TPIU 三个模块。在 BIU 向网络上发送消息时，通过它从 HI 的发送队列中取出消息送到发送机中发出，而在 MIU 接收到站管理消息且要求形成应答帧时，由它将帧头（FC、DA 和 WC）送到 HI 的发送队列中形成正确的应答帧格式以待适时（收到令牌并有机会时）发出。

2. 消息格式

LTPB 共定义了令牌消息、站管理消息、数据消息三种消息类型，其基本消息格式如图 3-3 所示。

SD 为 01110001 标志帧的起始，ED 为 10001110 标志帧的结束。FC 为帧控制码区分帧的类型并给出消息的优先级。

数据消息 SA 和 DA 分别指出源站点地址和目的地址并用 WC 给出消息所带数据的字数（每个消息最多可带 4K 个数据字），各个数据字紧随其后，最后 FCS 给出帧校验。

令牌消息含有 7 位令牌地址和 8 位帧校验码，指出发送消息的站点位置。

站管理消息在数据字段中给出网络维护信息即站管理码。站管理码主要指定方式控制命令、状态报告、加载和配置指令、配置报告、总线环回测试、时间同步消息等操作模式。方式控制命令主要定义复位、去能（使节点脱离逻辑环）、使能（使节点接入逻辑环）、BIT 测试等操作。

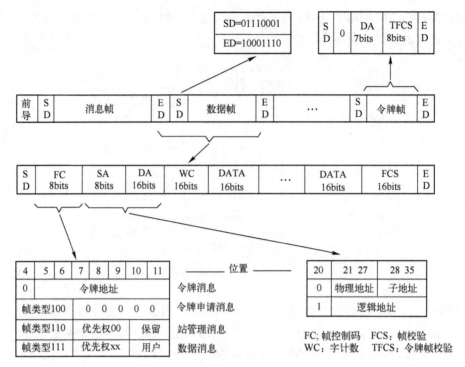

图 3-3 LTPB 的消息格式

3. 通信控制

LTPB 采用令牌实现对传输介质的访问,在正常工作时,网络上的节点根据它们的物理地址编码的大小组成逻辑环路,令牌沿逻辑环路逐节点传输。环路上获得令牌的节点得到机会向其他节点发送消息,每个节点能够使用的网络带宽(占用总线的时间)受到协议参数令牌持有时间 THT 的限制,如图 3-4 所示。

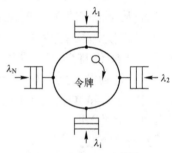

图 3-4 LTPB 总线的网络模型

LTPB 属于限时令牌多优先级传输协议,网络中的消息传输由相应的定时器控制。网络中传输着各种各样的消息,如显示控制指令、雷达火控数据、导航数据、测试和维护数据等。不同类型的消息表现出不同的实时性要求,因此消息允许的传输延时是不尽相同的。LTPB 为了控制这些不同类型的消息延时,通过几个定时器来管理消息的传输。每个节点有一个令牌持有定时器 THT,用来控制该节点占用的网络带宽,3 个令牌旋转定时器 TRT,用来控制消息的优先级排序。它们能有效地降低总线上高优先级消息的延迟时间,并防止任一终端长时间占用总线。LTPB 可将任意一个节点的消息分为最多 4 个优先级传输,优先级别从高到低用 P_0、P_1、P_2 和 P_3 表示,TRT_1、TRT_2 和 TRT_3 分别控制 P_1、P_2 和 P_3。协议的分布式控制方式使网络具有很强的容错能力和可靠性,不会因为总线上某一模块的故障而导致整个系统的崩溃。

如图 3-5 所示,当节点接收到令牌,即对 THT 初始化,并发送 P_0 消息直到 P_0 队列为空,或者 THT 计数到零。当上一优先级队列发送完毕且 THT 仍未计数到零,则将当前

TRT 值与 THT 值比较,将其中小者赋予 THT,对 TRT 初始化并发送当前优先级消息直到其队列为空,或者 THT 计数到零。当最低优先级 P_3 消息发送完毕,或者 THT 计数到零,则将令牌传递给下一个节点。通过这种机制,实现对不同延迟要求任务的消息调度。

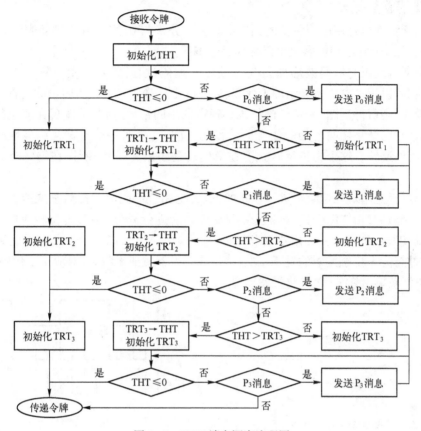

图 3-5　LTPB 消息调度流程图

为了让新的节点或者出现临时故障而被删除的节点能够进入或重新进入逻辑环路,每个节点在一定条件下尝试将令牌传递给本节点地址之后至逻辑环后续地址之前的所有可能的地址。这个过程的启动条件是节点入环计时器 RAT 计满,且所有当前的消息发送完毕,并仍有可用的传输余量。此时,该节点尝试将令牌发送给节点地址加 1 的下一个地址,如果传递成功,则拥有下一个地址的节点成为新的后续节点;否则继续查询,直到原后续节点。相反的情况是将节点从逻辑环中去除,如节点发生故障或者掉电。如果一个后续节点连续两次对发给它的令牌没有响应,则被从逻辑环上去除。令牌持有节点开始查询下面的节点以确定新的后续节点。

3.1.3　接口应用

介质接口单元 MIU 提供了 BIU 和总线介质之间的接口,它主要包括接收机和发送机。接收机监视总线介质的活动状态,对来自总线上的串行数据流进行曼码解码、串并转换,并根据 AS4074 协议的帧格式进行消息解包,即从消息中分离出 FC、SA、DA、WC、INFO、FCS 等域;发送机将协议数据单元 PDU 按 AS4074 协议的帧格式进行装帧,对数据进行并串转换,然后进行曼码编码,并加上 SD、ED 和前导符,通过 ext-LTPB 发送出去。

1. 接收模块

接收模块可分为时钟恢复电路和数据解调电路。

1) 时钟恢复电路

曼彻斯特编码是用电压跳变的相位不同去区分 1 与 0,用正电压跳变表示 0,用负电压跳变表示 1,因此这种编码也可以称为相位编码。

曼彻斯特编码与解码波形如图 3-6 所示。编码过程,采用了负时钟与发送代码异或,而得到了以正跳电压所表示的 1 代码,以负跳电压表示的 0。如用正的时钟代码与发送代码异或,则可得到图 3-6(b)的结果。观察图中的编码过程,可发现在相位编码中存在着一个问题,就是在两个相邻的相同的代码之间,产生了一个与该代码极性相反的跳变,称为相位反转。这个相位反转跳变在解码时是多余无用的,所以在解码时必须将其滤掉。

解码过程是用对相位编码进行锁相的方法,把相位编码的代码恢复成原型代码。相位解码时,分别对相位编码信号的正跳沿及负跳沿进行微分,用其置位相应的触发器 T 的 1 端或"0"端,即可得到与发送时相同的解码输出波形。如对应 1 代码的正跳沿微分信号,通过与门去 T 触发器的置于 1 端,将接收触发器置成 1 状态,对应于 1 代码的接收。按同样方法负跳沿微分信号,将触发器置 0。

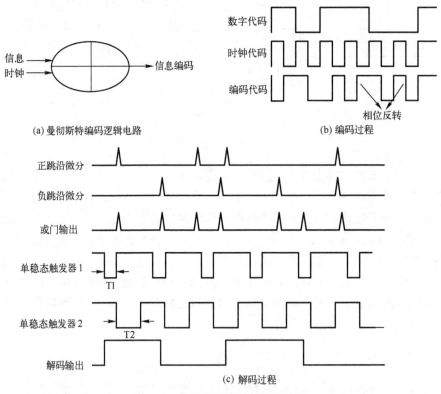

图 3-6 曼彻斯特编码与解码波形

为了有效地抑制连续的相同两信号之间多余的相位翻转微分信号,采用了延迟单稳线路去控制(图 3-7)。在延迟单稳线路 1 受到正或负的微分信号的触发后,经过延迟时

间 t_1 去触发单稳态触发器 2。在 t_1 的延迟时间内,有效的正或负跳沿微分信号,通过与门将触发器 T 置成相应的 1 或 0 状态。单稳态触发器 2 被触发后,在 t_2 延迟时间内,输出低电平,将与门关闭,有效地阻止了相位反转的微分信号,使其不能到达触发器的置位端,从而保证了解码过程的正确进行。

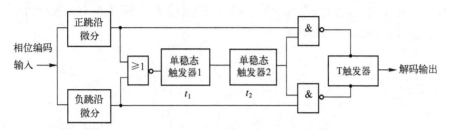

图 3-7 相位解码逻辑电路

2) 数据解调电路

数据解调电路的结构如图 3-8 所示。由采样电路产生 16 路时序脉冲,用来控制接收时序,串行数据经串并转换后,由最后一个时序 F_{16} 作为使能进入锁存器,并由下一个时序的 F_4 作为存储器的写信号 WRAM 和 WTSM。

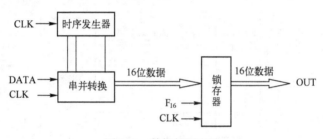

图 3-8 数据解调电路

3) 消息处理电路

消息处理电路的功能由 4 部分组成(如图 3-9 所示,以一个通道为例)。原理如下:

图 3-9(a)作为消息帧的处理电路,根据时序发生器所产生的时序,在第一个周期内,判断这一个帧的类型,成为 FC[5:0]。

由 FC[5:0]的类型,区分令牌帧和其他帧,可提取出 DA,按加载的消息滤波表进行地址匹配,令牌帧地址直接与本站物理地址比较。

如地址匹配,DA_MAT 为一高电平,按照时序电路周期,将帧列中的 FC+SA、DA、WC 写入寄存器,同时将写入 RAM 的起始地址 AD 也写入寄存器,对于令牌帧和申请令牌帧不作此处理。时间同步帧,则单独产生 WTSM 和 TSMOUT[15:0] 信号,加载 TPIU。

图 3-9(b)为余度管理电路,对 A 通道的数据和 B 通道的数据分别进行 CRC 校验。如果 CRC 校验错误,产生 CRC_Fail 信号为高电平。根据此信号,在帧结束时,即可判断选取 A 通道还是 B 通道。根据规范,A、B 通道数据所到时间不超过 10ns。A、B 通道选取原则为先到的正确即取先到数据,不正确取后到数据,都不正确,产生 STOP 信号,终止全部电路的处理。重新下一帧处理,在余度选择电路中,还根据时序产生 R[3:0] 和 Wab 信号 R[4:0] 为分别读取寄存器中 FC+SA、DA、WC、AD 4 个寄存器数据信号,以及在寄存器

电路中的 A、B 通道寄存器。

图 3-9(c)为帧头选通电路,由产生的 Sel_A、Sel_B 选择某一通道的帧头寄存器输出。

图 3-9(d)为帧头缓冲电路,将正确的帧识别数据写入缓冲区,其中包括 FC+SA、DA、WC、AD、AB,由主机读取此识别数据后,从相应的通道 A 或通道 B 中的双口 RAM 中,在相应的地址处读取相应字数的消息。

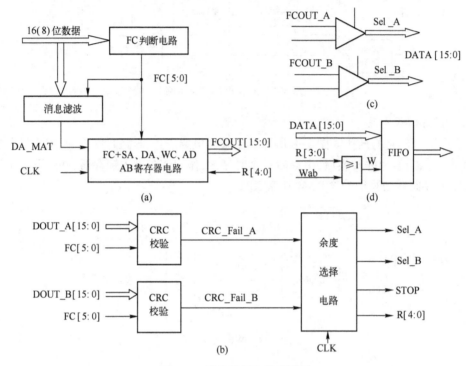

图 3-9 消息处理电路功能图

2. 发送模块

发送机模块的详细结构如图 3-10 所示。

1) 发送启动模块

HAND:自检信号。

MCB:正常工作时发送启动信号。

eflout:内部信号。当由于某种原因发送结束时,产生一个负脉冲,上升沿有效。

FSC:控制数据是从开关读入还是从 FIFO 读入。

FSC=1,数据从开关读入(当自检 HAND 正脉冲输入,使 FSC=1)。

FSC=0,数据从 FIFO 读入(当发送完成或 RES,使 FSC=0)。

allreset:高电平时全局清零,并把时钟封锁,低电平解冻。

当 HAND 或 MCB 输入一个正脉冲,allreset 由 1 变 0,解冻;当 HAND 输入一个正脉冲,表示系统处于自检状态,FSC 由 0 变 1;当发送结束,eflout 产生一个负脉冲,上升沿使 allreset 由 0 变 1,FSC=0。

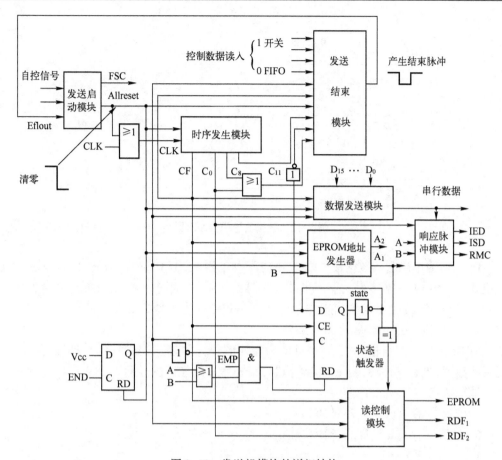

图 3-10 发送机模块的详细结构

2) 时序发生模块

时序发生模块的原理如图 3-11 所示,从各触发器的输出 Q 段产生 16 路时序 $C_0 \sim C_F$,每路时序为时钟的 16 分频,脉宽为 1 个时钟周期,即电路的一个机器周期是 16 个时钟脉冲。C_0 为一个机器周期的第一个时序,C_F 为最后一个时序。

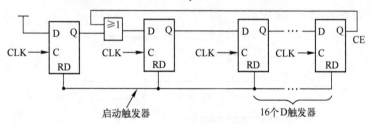

图 3-11 时序发生模块的原理图

为使整个电路很好地同步,许多模块触发器的时钟端接全局时钟,而用时序发生模块产生的时序去控制它们的使能端。选择时序的原则是该时序信号在所需时钟脉冲到达前到达,即该时序由所需时钟脉冲的前一个脉冲产生。

3) 数据发送模块

把数据并行读入,串行输出。其原理图如图 3-12 所示。

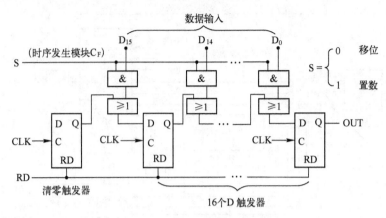

图 3-12 数据发送模块原理图

$D_0 \sim D_{15}$ 为编码后的数据输入端，S 由时序发生模块，S＝0 时，数据被封锁。数据发送模块处于移位状态，清零触发器产生的 0 在时钟作用下，随同数据一起移位，在第 16 个数据发出时，左边 16 个触发器状态均为 0，为下一组数据进入做好准备。

4）EPROM 及 EPROM 地址发生器

EPROM 利用组合逻辑构成，地址即为输入信号。它有 4 个地址，每个地址有 16 位编码后的数据，带有三态门，由 EPROM 控制，EPROM＝0，三态门导通。

地址 $A_1 A_0$ 内容
0 0   存有 8 个同步脉冲
0 1   存有 4 个同步脉冲和 SD
1 0   ED SD
1 1   ED SD

EPROM 地址发生器，即 xstpl。它在时钟作用下最大可达 $A_1 A_0 = 10$，如果命令线 B＝1，则 $A_1 A_0 = 11$。

5）状态控制模块

整个状态控制模块由 $xstp_1$ 的 A_1 线和状态 D 触发器组成，控制读 FIFO 还是读 EPROM，信号波形如图 3-13 所示。

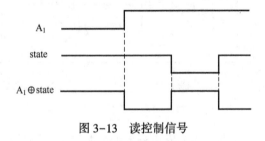

图 3-13 读控制信号

当 $A_1 \oplus state = 0$ 时，读 FIFO；
当 $A_1 \oplus state = 1$ 时，读 EPROM。

6）读控制模块

(1) 当 $A_1 \oplus state = 1$，EROM＝0，$RDF_1 = RDF_2 = 1$，读 EPROM，模块的 D 触发复位。

(2) 当 $A_1 \oplus$ state 由 1 变 0，EROM=1，D 触发器解冻；但状态仍为 0，即 $RDF_1=0$，$RDF_2=1$，在以后的每个机器周期切换一次。

C_0 用来清除 RDF2 在系统由读 FIFO 状态切换到读 EPROM 状态时出现的毛刺。

7) 响应脉冲模块

当系统给出随机命令 AB 后，RMC 发出 1 正脉冲。

ISD、IED 为识别出 SD、ED 的响应脉冲，识别的原则是正常数据编码后不可能出现连续 3 个时钟周期的 1 或 0，而 SD 为 01110001，ED 为 10001110。

8) 发送结束模块

主要部件 efl，它产生一个一定宽度的负脉冲，其上升沿使 allreset=1，全局复位。AB 命令的定义为：

AB   命令
00   无命令
01   发 ED 结束
10   发 ED、SD 再继续发数据
11   发 ED、SD 结束

9) 发送机模块的总体工作过程

加电时，FPGA 自动清零。allreset=1，时钟被封锁，整个系统处于静态。EPROM=0，$A_1A_0=00$。EPROM 中地址数据加在数据发送模块 $D_0 \sim D_{15}$ 上。

自检 HAND 或 MCB 输入一个正脉冲，allreset=0，系统解冻，如果 HAND 输入一个正脉冲，FSC=1，将来数据读自开关而不是 FIFO，否则 FSC=0。

在第 1 个时钟脉冲作用下，时序 $C_F=1$，EPROM 的 $A_1A_0=00$ 中数据进入数据发送模块 D 触发器 D 端，在第 2 个时钟脉冲下（即第 1 个机器周期开始），数据被读入并开始发送。

在第 1 个机器周期期间，数据发送模块发送 8 个同步脉冲头，同时，EPROM 中 $A_1A_0=01$ 中的数据加在数据发送模块 $D_0 \sim D_{15}$ 上，但由于 $C_F=0$，数据被封锁不能进入 D 触发器。在第 2 个机器周期被读入和发送。

进入第 2 个机器周期后，$A_1A_0=10$，$A_1 \oplus$ state=0，EROM=1，$RDF_1=0$，$RDF_2=1$。此时，加在数据发送模块 $D_0 \sim D_{15}$ 上的是第 1 块 FIFO 的第 1 个字节（假定 FSC=0）。在第 3 个机器周期，该数据被读入和发送，同时 $RDF_2=0$ 引入的数据加在数据发送模块 $D_0 \sim D_{15}$ 上，如此切换循环。

当 AB=10，则在该命令出现后的第 1 个机器周期开始时，FIFO 中数据被读入数据发送模块，state 由 1 变为 0，$A_1 \oplus$ state=1，EROM=0，EROM 中 $A_1A_0=10$ 的数据加在数据发送模块 $D_0 \sim D_{15}$ 上。在下一个机器周期读入并发送。状态 state 由 1 变成 0，$A_1 \oplus$ state=0，EROM=1，$RDF_1=0$，$RDF_2=1$。此时，命令 AB 撤掉。从下个机器周期开始又开始发 FIFO 中的数据。

当 AB=X1 或 END 输入一个正脉冲，或 EMP=0，在紧接的下一个机器周期开始时，数据发送模块读入 FIFO 数据后，state 由 1 变为 0，$A_1 \oplus$ state=1，EROM=0，EROM 中 $A_1A_0=11$ 中的数据加在数据发送模块 $D_0 \sim D_{15}$ 上。在时序 C_{11} 作用后，发送结束模块启动，在下一个机器周期，数据发送模块读入 $A_1A_0=11$ 中的数据 ED 并发送，至于发送 1 个还是 2 个 ED，

由 A_1 决定。同时，eflout 为一个负脉冲，当 $A_0=1$，该负脉冲为 16 个时钟宽，当 $A_0=0$，该负脉冲为 8 个时钟宽。其上升沿使 allreset=1，FSC=0 整个系统静止，等待下一次 HAND 或 MCB 脉冲。

3. 应用

总线系统冗余可以防止由物理介质通道和收发器故障而导致的节点功能故障，从而提高系统的可靠性。总线系统冗余的部分可以是接口单元、传输介质和主机单元，其中接口单元冗余是需要考虑的一个重要方面。

LTPB 是一个可靠性要求很高的网络系统，即在一定的时间范围内不允许系统失效，或者要使系统失效概率低至忽略不计的程度，因此，采用介质同步冗余的方法以提高 LTPB 的可靠性。

同步冗余可分为两种：面向数据块同步冗余和面向数据位同步冗余。面向数据块冗余是对缓存在两个帧缓冲区中的消息以帧为单位进行选取；而面向数据位冗余是对接收到的串行比特流（来自曼码解码器）以位为单位进行合并选取。

面向数据块同步冗余的方案如图 3-14 所示，图中给出了 BIU 发送和接收消息的数据流向。面向数据块的同步冗余的方案中，冗余部件包括物理介质（光缆星型耦合器、光接收机、光发送机）以及物理层中的发送器、曼码解码器、消息解包器及帧缓冲区。

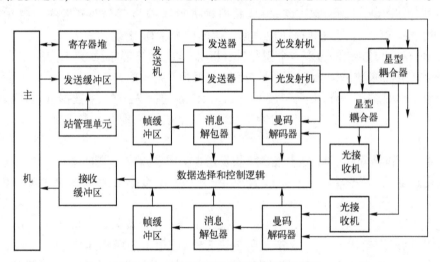

图 3-14 面向数据块的同步冗余的方案

发送过程中的数据流向：主机将要发送到其他站的消息通过主机总线放入发送队列中，站管理单元将发送到其他站的站管理消息的帧头（包括 FC、SA、DA、WC）通过局域主机总线放入发送缓冲区中，等待发送；一旦本站获得令牌，发送机将在 TPIU 的控制下对发送缓冲区中的消息进行调度，发送机将发送数据同时送入两个发送器中，两个发送器独立将来自发送机的同一协议数据包进行并串转换、曼码编码，在适当时候插入前导符、起始定界符、结束定界符，驱动各自的光发射机发射出去。

接收过程的数据流向：曼码解码器将来自光接收机的串行曼码转换为串行 NRZ 数据，同时对数据流进行错误检测；消息解包器对来自曼码解码器的串行 NRZ 数据进行串并转换，并将并行数据缓存在各自的帧缓冲区中；同时消息解包器还对消息进行 CRC 校验、帧的有效性检测等工作;数据选取与控制逻辑根据来自两个帧缓冲区的某一份正确消息送入接收缓冲区中,等待主机读取或站管理单元响应。

面向数据块的同步冗余的方案有以下几个特点：

(1) 来自每个数据通道的数据都暂时缓存在各自的帧缓冲区中,供数据选取与控制逻辑选择。

(2) 一旦第一通道(最先检测到有效前导符的通道)接收完一帧消息,数据选取与控制逻辑就根据来自第一通道的状态和错误信号进行判断,如果无错误,数据将立即写入接收缓冲区中;如果有错误,第一通道数据将被丢弃,待第二通道的消息接收完成后,再进行判断。如果无错误,将消息写入接收缓冲区中;如果有错,丢弃数据,接收消息失败。

(3) 帧缓冲区可以是双口 RAM,也可以是 FIFO。如果采用双口 RAM,为了保证连续的多帧最大长度消息能正确缓冲而不被覆盖,它的大小必须能缓冲两个最大长度消息帧,即它的大小至少应 16K×16,而且还需要一定的数据结构来管理 RAM 的访问,因此增加了实现的复杂性。如果采用 FIFO,为了在接收出错的情况下便于处理,必须将连续的两帧消息分别放入独立的两个 FIFO 中,因此每个通道至少需要大小为 8K×16 的 FIFO。因此,无论选择哪种类型的存储器,每个通道都至少需要 8K×16 的存储空间,总共需要 16K×16 的存储空间。

由上述分析可知,面向数据块同步冗余方法不仅需要较大的缓存空间,而且给控制带来一定的困难。

面向数据位的同步冗余方案如图 3-15 所示,图中给出了 BIU 发送和接收消息的数据流向。面向数据位的同步冗余方案的冗余部件有物理介质以及物理层中的发送器、曼码解码器。

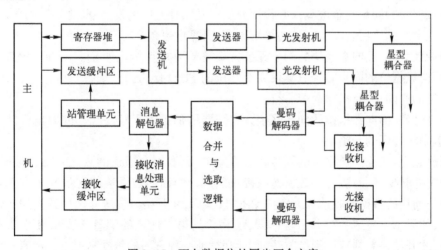

图 3-15　面向数据位的同步冗余方案

发送过程的数据流向:同面向数据块的同步冗余方案中的方向相同。

接收过程的数据流向:曼码解码器将来自光接收机的串行曼码流转为串行 NRZ 数据,即曼码解码,与此同时,曼码解码器还对数据流进行错误检测。数据合并与选取逻辑根据来自两个曼码解码器的错误和状态信号对两个通道的串行 NRZ 数据以比特为单位进行选取,并将数据送到消息解包器。消息解包器对经合并与选取后的串行数据进行串并转换、消息解包,并将并行数据送到接收消息处理单元,同时消息解包器还完成 CRC 校验、帧的有效性检测等工作。接收消息处理单元完成接收消息的目的地址匹配校验,如果不匹配,丢弃消息;如果匹配,则开始将消息写入接收缓冲区。将数据完全写入接收缓冲区后,如果没有检测到错误,则更新接收消息描述块,标志该消息已正确接收,等待主机读取或站管理单元响应;如果出现错误,表明接收消息失败,接收队列的消息描述块不变。

面向数据位的同步冗余的方案有以下几个特点:

(1) 每个通道不需要大容量的帧缓冲区,只需给每个通道分配一个 8 位的 FIFO 即可,曼码解码器将解码后的串行 NRZ 数据送入自己的位 FIFO 中,供数据合并与选取控制逻辑选取。

(2) 一旦第一通道(最先检测到有效前导符的通道)将数据位放入自己的位 FIFO 中,数据选取与控制逻辑就开始从第一通道的位 FIFO 中提取数据位并送到消息解包器,消息解包器对串行数据进行串并转换,同时将并行数据送入接收消息处理单元。第二通道的操作与第一通道类似,只是将第二通道提取出来的数据位丢弃。与此同时,数据合并与选取控制逻辑监视来自两个曼码解码器的错误和状态信号;如果第一通道出现错误,数据合并与选取控制逻辑停止从第一通道提取数据,同时转换到第二通道;如果第二通道也出现错误,则消息接收失败。

(3) 由于两个通道之间允许的最大时间差为 150ns,因此,每个通道的位 FIFO 的大小只需 8 位。

下面对同步冗余的两种实现方案进行简单比较。

冗余级别:面向数据块的同步冗余方案的冗余部件有物理介质(包括光缆、星型耦合器、光接收机、光发送机)以及物理层中的发送器、曼码解码器、消息解包器及帧缓冲区,而面向数据位的同步冗余方案只有物理介质以及物理层中的发送器、曼码解码器。因此,前者的冗余级别比后者高。冗余的级别越高,可靠性也越高。

缓冲区大小:面向数据块的同步冗余方案需要缓冲整个消息,而且必须考虑最大消息长度;面向数据位的同步冗余方案仅需要 8 位的 FIFO 作为弹性缓冲器。因此,后者远比前者所需的空间小,且操作简单易行。

硬件开销:面向数据位的同步冗余方案需要增加工作于较高频率的数据合并与选取逻辑,但是缓冲区的开销小。

消息延迟:在面向数据位的同步冗余方案中,只要第一通道的数据一到,就开始进行数据的串并转换,同时将并行数据送入接收队列。而面向数据块的同步冗余方案至少得等到第一通道的数据接收结束并完成 CRC 校验后,才开始将帧缓冲区里的数据转送至接收队列,如果第一通道的数据出现错误,还将等到第二通道的消息接收结束并完成 CRC 校验后,才开始将数据转送到接收队列。因此,前一种方法的数据延迟要比后者小。对实时性要求较高的某些站管理消息,面向数据块的同步冗余方法必须采用特殊的处理方法才能满足实时性的要求。

检错能力:面向数据块的同步冗余方案的检错能力比面向数据位的同步冗余方案稍高,这是因为面向数据块的同步冗余方法对两个通道的消息都可进行 CRC 校验,而面向数据位的同步冗余方法在第一通道无接收错误的情况下,只能对第一通道的消息进行 CRC 校验,如果第一通道出现接收错误且随后的 CRC 检出错误,表明两个通道都发生了错误。如果第一通道出现接收错误而随后的 CRC 检验无错,并不能保证消息无错,这是因为,第一通道出现错误后,数据提取切换到第二通道,因此,送给消息解包器的数据一部分来自第一通道,另一部分来自第二通道,而 CRC 检验是根据第二通道的 FCS 进行的。

由上面分析可见,同步冗余的两种实现方案各有优缺点。面向数据位的同步冗余方案同面向数据块冗余方案相比,除了增加工作较高频率的硬件以及检错能力略有降低外,它具有实现简单、实时性好的突出优点,适合军用环境。

3.2 F-35 飞机总线 FC

FC(fibre channel)光纤通道标准是美国标准化协会(ANSI)下属的 X3T9.3(现在的 X3T11)小组在 1988 年开始制定的,用于工作站、主机、超级计算机、存储设备、显示器和其他外围设备之间数据交换进行高性能传递的标准,其扩展标准 FC-AE(Fibre Channel for Avionics Enviroment)专门应用于航空电子环境。FC 技术可以满足分布通信和计算系统的多种需求,它定义了多种硬件系统之间大量数据交换的通信接口。

FC 已经成功运用于现代航空电子系统中,构建了美国 F-35 等战机机载子系统间高速互连的主网络,已经成为四代先进战机的标志性经典总线。另外,在 AH-64D"长弓阿帕奇"直升机中用于数字视频接口-飞行试验和任务处理器的互连,在 F/A-18 飞机中用于任务计算机接口-先进任务计算机和显示系统互连,在 B1-B 飞机中用于仲裁环接口-航电计算机和数据存储/传输设备间的互连。

3.2.1 基本特征

光纤通道提供了多种类型的网络拓扑结构、数据传输速率、协议映射和交换技术,以提高系统可靠性和数据处理性能。FC 不仅支持主机和外设之间的通道连接,而且支持主机和主机之间的网络连接,FC 技术集通道和网络的技术精华于一体,代表 I/O 技术和网络技术发展的新趋势,已逐步成为计算机总线以及当今分布式多协议的高速通信网络最理想的选择之一。它具有以下特点。

支持多种数据传输率:一般的传输速率为 1.062Gb/s,全双工的可达 2.12Gb/s,可扩展高达 4.24Gb/s 和 10Gb/s。

可扩展性强:FC 支持点到点、仲裁环和交换式结构,根据系统的要求可采用不同的拓扑结构,采用仲裁环结构可连接 126 个设备,采用交换式结构可连接 1600K 个设备,并提供良好的电气性能,保证较好的数据传输率。

高度的灵活性:FC 为上层应用提供了一种通用的传输机制,支持 IP、SCSI、ATM、视频等各种协议的映射。在物理传输介质上,支持同轴铜缆、双绞线、光纤介质,使用光纤介质传输距离可达 500m~10km。

高可靠性:采用的 8b/10b 编码方式,误码率为 10^{-12}。提供了 6 种类型的服务,可支持多种数据流量控制策略,它提供的无确认交付机制,适用于低开销、大块数据传输;提供的有保证的传输机制,适合于关键任务的数据传输。

总之 FC 技术适合于低延迟、强实时的通信系统,是实现新一代航空电子通信网络的理想选择。

3.2.2 协议结构

FC协议结构共分5层,各层之间技术相互独立,标准的分层结构确保了光纤通道能够按照市场的需要增长。其具体分层结构如图3-16所示。

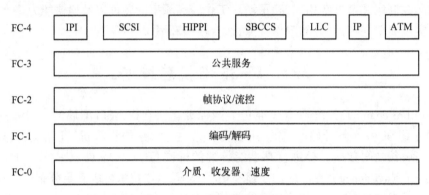

图3-16 光纤通道协议结构

FC-0定义了连接的物理特性,如传输率、介质等。FC-0不仅可以支持光纤也可以支持铜导线,点到点传输距离最大到10km。传输速率包括133Gb/s、266Gb/s、531Gb/s、1Gb/s和2Gb/s。FC-1是FC的传输服务层,使用8B/10B编码。这样的编码方案保证了有足够的信号传输数量,支持线性同步。FC-2定义了节点间的数据传输方式,以及帧格式、帧序列、通信协议和服务分类。FC-3对物理和信号层以上的高层协议提供了一套通用的公共通信服务。FC-4定义了不同的网络映射和I/O通道协议。光纤通道的节点包含了从FC-0到FC-4的功能,任何固有的高层协议都不在光纤通道规范规定的范围内。光纤通道提供了实现的可能性范围,其目标在于使传输介质和控制协议相互独立,以便具体实现时可以使用最适合应用环境的技术。

3.2.3 系统结构

逻辑上FC是一个双向点到点的串行连接,它能提供高性能通信链路,物理上是多个通信节点的互连,这些通信节点称为N端口,支持仲裁环功能的端口称为L端口。

FC支持三种拓扑结构:点到点(point to point)、交换式(arbitrated loop)和仲裁环结构(fabric)。

1. 点到点拓扑结构

点到点拓扑结构是三种拓扑结构中最简单的一种。它只需将两个FC端口的发送端和接收端连接起来即可,如图3-17所示。点对点的连接能提供最大带宽和全双工的数据通信。但该拓扑结构要求所有端口必须采用相同的物理传输介质和传输速率,并且不具有扩展性。

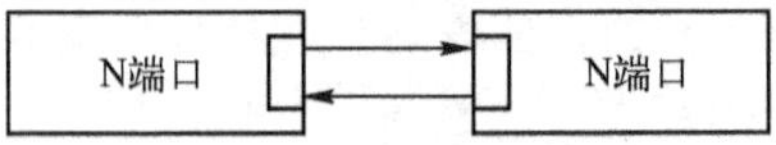

图3-17 点到点拓扑结构

2. 交换式拓扑结构

交换式拓扑结构如图3-18所示,各个端口通过交换机(fabric)进行连接,形成以交换机为中心的星型结构,交换机负责路由选择、流量控制、差错处理以及节点端口管理等功能,并提供专用的网络带宽。当一对端点建立好连接后,交换机提供所有的带宽供其使用。这种结构可支持多达 1600K 个节点数目之间互连,同时提供点到点的带宽。

图 3-18 交换式拓扑结构

3. 仲裁环拓扑结构

仲裁环拓扑结构如图 3-19 所示,各个端口设备首尾相连形成环形结构。仲裁环(FC-AL)是前两种结构的折中方案,支持两个或多个端口间的不用交换机的低成本通信。

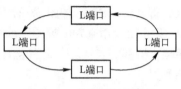

图 3-19 仲裁环拓扑结构

FC-AL 标准增强了 FC-PH 信号接口,采用 L 端口实现仲裁环结构,L 端口保存与原来 FC-PH 中定义的端口特性,对端口硬件进行修改,要求能收发和解释仲裁原语和序列。FC-AL 中 L 端口之间通过仲裁方式竞争访问环网,一旦 L 端口获得了总线使用权,就可打开目标 L 端口,建立了一个点到点的链路,在完全保证连接带宽的情况下进行通信,直到端口释放使用权,另外一个点对点的链路才能建立。在环网上两节点间通信时,其他节点负责转发数据并监视网络工作状态以等待通信机会。

FC-AL 拓扑结构支持多达 126 个 L 端口间互连而无须交换机高昂的费用,整个网络共享通信带宽,节点通过仲裁获取环路的使用权。FC-AL 适用一些具有较高突发性且需要高带宽的应用,因此机载容错分布式系统中采用了仲裁环作为系统节点之间的互连方法。

3.2.4 消息格式

数据传输采用 8b/10b 平衡传输编码方案。数据传输时 8 位数据再加 2 位附加位用于错误检测和纠正。这种编码方案具有时钟恢复容易、传输效率高、误码纠错能力强以及编码/解码电路简单等优点,它提供了足够的检错纠错机制,并且平衡了传输线路的传输电平。

数据发送时,首先将系统中一个 32 位的数字串,转换为 4 个 8 位的字节,每个字节经过 8b/10b 转换一个 10 位的字符,最后经过并/串转换后将数据通过传输介质发送出去,数据接收刚好与之相反。端口数据流图如图 3-20 所示。

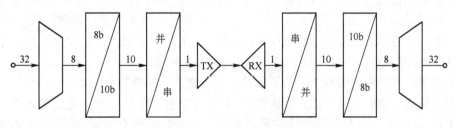

图 3-20 端口数据流图

信息包是以一帧或多帧序列发送的,每个帧由控制信息和数据组成。光纤通道传输信息的结构稍微复杂一些。为了保证数据正确有序的传输,光纤通道协议定义了有序组(ordered sets)、帧(frame)、序列(sequence)、交换(exchange)和协议(protocol)5个层次的传输信息的结构。

有序组由一个特殊字符和三个数据字符构成具有一定特殊意义的组合,用于帧界定和传输控制。

帧是数据传输的基本单元,它的长度是可变的,帧由 SOF、帧头、数据域、CRC 校验和 EOF 等几部分组成,如图 3-21 所示。界定符 SOF 和 EOF 分别用来标识帧的开始和结束,CRC 校验用来判断帧的正确性和完整性,24B 的帧头用来实现流量控制、丢失帧和乱序帧检测等。长达 2112B 的数据域用于封装 FC-4 上层映射协议的数据帧或直接传输应用数据。

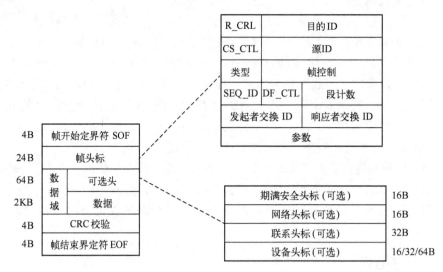

图 3-21 光纤通道的帧格式

序列是由一组相关帧组成的单向信息传输。所有帧都必定属于某一个序列,同一个序列中的帧有相同序列号。序列的传输是顺序的,下一个序列被发送或接收前,当前序列必须完成。

交换由一系列的序列组成,它既可以是两端口之间的单向传输,也可以是双向传输。

3.2.5 通信控制

原语信号包括空闲信号(IDLE)和准备好信号(R_RDY)。IDLE 表明网络空闲,当没有数据传输时,端口一直发送 IDLE 信号。R_RDY 信号用来确认已收到数据帧。

原语序列是不断重复发送的有序组,发送原语序列表明端口状态发生变化。原语序列包括不操作(NOS)、离线(OLS)、链路复位(LR)等类型。

为了满足不同种类的数据通信要求,FC-2 层定义了 6 种类型服务:

服务类型 1 是面向连接的有确认服务,专门用于建立两个 N 端口之间的连接。一旦建立了连接,两个 N 端口之间的通信可以使用连接之间的所有带宽,没有其他的网络传输会影响这个通信。由于这个原因,保证了所传送的帧按顺序到达。另外,对于组成连接的所有光纤介质的速度应该是一样的。由于连接的性质,决定了不需要缓冲器到缓冲器的控制。交换式网络不需要缓冲同样路由的帧。这样在 1 类服务中只需要进行端到端流控制。1 类服务用于数据需要连接和实时的场合,如音频和视频。

服务类型 2 是面向无连接的有确认服务,主要是用于多路传输。由于不需要建立专门的连接,端口可以从多于一个的 N 端口接收和发送帧。N 端口与其他网络传输一起共享带宽。除了点到点和环拓扑结构,不保证帧按照发送的顺序到达,介质的传输速度与连接的光纤模式有关。2 类服务有点类似于局域网,如 IP 或者 FTP,用于交付顺序和时间限制不是很严格的场合。

服务类型 3 是面向无连接的无确认服务,它与服务类型 2 主要区别是不提供确认机制,由高层协议负责数据帧的确认、差错检测和重试。

服务类型 4 是基于连接的虚电路服务,它提供保证服务质量(QoS)双向虚拟电路。4 类服务用于纯交换式网络拓扑结构。一个 N 端口通过向交换式网络发送请求,指示远程 N 端口以及服务参数质量,建立一个虚拟电路。4 类服务的电路由两个 N 端口之间的两个单向的虚拟电路组成。虚拟电路的速度不要求相同。4 类服务电路保证帧按照传送的顺序到达,并提供交付帧应答。

服务类型 5 主要涉及同步服务的一些内容,到目前为止还没有完整的定义。

服务类型 6 是带应答的多点传输服务。设备一次向多于一个的 N 端口传送帧,与交换式网络地址 FFFFF5 中多点发送服务器建立 1 类连接。多点发送服务器在源 N 端口和所有目的 N 端口之间分别建立连接。多点发送服务器负责向多点发送组中其他的 N 端口复制和传送帧。N-PORT 通过在地址 FFFFF8 用别名注册,成为多点发送组的成员。6 类服务和 1 类服务非常相似。

仲裁环网具体工作流程如下:

1. 环网初始化过程

新的设备加入到环网时需要执行环初始化过程。NL 端口发送 LIP(loop initialization primitive)原语序列,通知其他 NL 端口要进行环初始化。若与其相连的端口为 N 端口不能识别 LIP 原语,该 NL 端口进入"旧端口"状态,采用原来的 N 端口操作协议。当网络均为 L 端口,收到 LIP 原语序列进入 Open-Init(初始化状态),开始选择环网中的临时管理者。环管理者的选择是通过 LISM(Loop Initialization Select Master)子过程完成的。一个端口要成为环路管理者,就发送包含端口 WWN 信息的 LISM 帧。当下游端口收到 LISM 帧时,比较自己的 WWN 和收到的 LISM 帧中 WWN 的优先级。如果收到的 WWN 优先级高,端口转发收到的 LISM 帧;如果收到的 WWN 优先级低,端口将丢弃收到的 LISM 帧,发送自己的 LISM 帧。最后,总有一个端口收到自己的 LISM 帧,表明该端口具有最高的优先级,将成为环网的临时管理者。随后发送一个特别的指令告诉其他节点已经选定网络临时管理者。环网的临时管理者通过传输 LIFA、LIPA、LIHA、LISA 4 种原语序列为每个 L 端口分配唯一的 AL_PA。其中 LIFA 用来收集所有交换机分配的 AL_PA;LIPA 用来收集端口以前使用过的 AL_PA;LIHA 收集硬件请求的 AL_PA;LISA 用软件方法为剩下的端口分配一个 AL_PA 地址。采用以上 4 种策略每个端口可以获得一个唯一的 AL_PA。

2. 环网通信过程

环网完成初始化后,所有 L 端口共享环路资源,端口要进行数据通信时必须通过仲裁获得环路使用权。例如,当端口 x 要发送数据时,它首先发一个 ARBx 的信号(其中 x 为端口的 AL_PA 地址),环路上其他 L 端口不需使用环路时,将这个 ARBx 转发到下一个端口。若需要使用环路,比较本端口 AL_PA 地址和收到 ARBx 信号中 AL_PA 地址的优先级,若本端口优先级低,转发原 ARBx 信号,否则丢弃收到的 ARBx 信号,发送本端口的 ARBx 信号。当 ARBx 经过整个环路回到发送该 ARBx 的源端口时,源端口就认为自己拥有了环路的使用权。

获得环路的 L 端口就可以打开目标端口建立通信连接。该端口 x 通过发送一个 OPNxy 原语信号到目标端口 y 后进入 OPEN(打开)状态。目标端口收到发向自己的 OPNxy 原语信号后进入 OPEND(被打开)状态。这样就建立好了节点之间通信连接,两端口之间可按光纤通道的服务类型规定流量控制协议进行数据传输,直到发送方或接收方通过发送一个 CLS 信号来关闭连接,端口放弃环路使用权。

3.2.6 接口应用

1. 结构特征

AEB 系列 FC 总线板卡支持 FC-AE 航空电子环境的网络仿真、测试及数据分析功能。AEB 系列 FC 总线板卡支持 2 个 FC 端口,采用光纤 SFP 接口形式,可以作为 2 个独立端口使用,也可以作为 1 对冗余端口使用,支持 1G、2G 通信速率。AEB 系列 FC 总线板卡集成 IRIG-B 系统时钟,提供多个节点时钟同步功能,便于多节点仿真系统使用,该板卡完全遵循 FC-LS、FC-FS、FC-AE-ASM 等 FC 光纤通信协议规范,支持点对点和交换式通信方式,支持紧急、周期、事件和数据块 4 种传输方式。FC 总线接口板结构如图 3-22 所示。

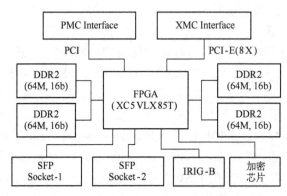

图 3-22 FC 总线接口板结构

AEB 系列 FC 总线板卡有两种工作模式:

(1) 正常模式,该模式下节点卡完成正常通信卡的功能,包括 FC-AE-ASM 协议数据的接收和发送,板卡的状态控制和获取等功能。

(2) 采集模式,该模式下板卡只采集 FC 通道上的所有 FC 协议数据,并上报给软件,同时板卡内可设置一定量的数据过滤和触发采集等功能。

2. 安装使用

AEB 系列 FC 总线板卡可在 VxWorks 5.x/6.x、Windows XP/2000/2003 操作系统中使

用,软件平台为 Tornado 2.2/WorkBench 和 Microsoft Visual C++编译环境。AEB 系列 FC 总线板卡提供了 Windows 和 VxWorks 下的驱动程序。

3. 数据结构

(1) 发送状态的设备参数 TAEBSendCfg。

typedefstruct{
    unsigned intnIsAsm;//发送数据类型:是否为 ASM
    unsigned intnPktPri;//发送报文的优先级
    unsigned intnChSel;//选择发送端口 A/B
}TAEBSendCfg;

(2) 端口状态。

typedefstruct{
    unsigned intnLinkStatus;//FC 端口连接状态
    unsigned intnFcSpeed;//FC 端口的物理速度
    unsigned intnFiberStatus;//FC 核的缓存到缓存的信用值
    unsigned char nRes[8];
}TAEBFcPortStatus;

(3) 接收端口 MIB。

typedefstruct{
    unsigned intnRXAllFrm;//Rx_frame_all 接收到所有数据包
    unsigned int nRXAllByte0;//接收的所有数据字节的长度低 32 位
    unsigned int nRXAllByte1;//接收的所有数据字节的长度高 32 位
    unsigned int nRX0To127;//接收的数据区长度在 0 到 128 范围内的数量
    unsigned int nRX128To255;//接收的数据区长度在 129 到 256 范围内的数量
    unsigned int nRX256To511;//接收的数据区长度在 257 到 512 范围内的数量
    unsigned int nRX512To1023;//接收的数据区长度在 512 到 1023 范围内的数量
    unsigned int nRX1024To2112;;//接收的数据区长度在 1024 到 2112 范围内的数量
    unsigned intnRXShortErr;//包长过小错误包的数量
    unsigned intnRXLongErr;//包长过大错误包的数量
    unsigned intnRxCrcError;//CRC 错误帧数量
    unsigned intnRXByteFlux;//接收端口 Byte 流量
    unsigned intnRXFrmFlux;//接收端口数据帧流量
    unsigned intnRxPortIdError;//接收端口 ID 错误
    unsigned intnRxPortEnableError;//接收端口使能错误
    unsigned intnRxOffsetError;//接收端口一个序列内按偏移重组使能错误
    unsigned intnRxSeqIDError;//端口的序列 ID 错误
}TAEBFcRXMib;

(4) 发送端口 MIB。

typedefstruct{
    unsigned intnTXAllFrm;//Tx_frame_all 发送的所有数据包

unsigned int nTXAllByte0；//发送的所有数据字节的长度低 32 位
unsigned int nTXAllByte1；//发送的所有数据字节的长度高 32 位
unsigned int nTx0To127；//发送的数据区长度在 0 到 128 范围内的数量
unsigned int nTx128To255；//发送的数据区长度在 129 到 255 范围内的数量
unsigned int nTx256To511；//发送的数据区长度在 256 到 511 范围内的数量
unsigned int nTx512To1023；//发送的数据区长度在 512 到 1023 范围内的数量
unsigned int nTx1024To2112；//发送的数据区长度在 1024 到 2112 范围内的数量
unsigned intnTxByteFlux；//发送端口 Byte 流量
unsigned intnTxFrmFlux；//发送端口数据帧流量
}TAEBFcTxMib；

4. 接口函数

（1）AEBFcInit：驱动初始化，完成接口卡扫描并将接口卡信息存入对应的数据结构。
（2）AEBFcDeInit：驱动注销，释放板卡资源。
（3）AEBFcOpenCard：打开板卡。
（4）AEBFcCloseCard：关闭板卡。
（5）AEBFcLoadCfg：加载 FC 配置文件。
（6）AEBFcSetCardCfg：配置板卡工作模式、工作速率、IRIG-B 模式。
（7）AEBFcAddPort：添加端口。
（8）AEBFcDelPort：删除端口。
（9）AEBFcOpenPort：打开端口。
（10）AEBFcClosePort：关闭端口。
（11）AEBFcSendData：发送数据。
（12）AEBFcRecvData：接收数据。
（13）AEBFcGetCardNum：得到板卡数量。
（14）AEBFcGetCardInfo：得到所需板卡信息。
（15）AEBFcGetPortStatus：得到所需板卡信息。
（16）AEBFcDumpCardInfo：打印版卡信息。
（17）AEBFcReadReg：从读寄存器值(存储区)。
（18）AEBFcWriteReg：向寄存器写值(存储区)。
（19）AEBFcReadCfgReg：读寄存器值(PCI 配置区)。
（20）AEBFcWriteCfgReg：向寄存器写值(PCI 配置区)。
（21）AEBFcGetLastErr：获得最新的错误信息。
（22）AEBFcDriverChangeTime：将系统时间信息与板卡时间信息进行相互转换。

3.3 大型飞机总线 AFDX

大型飞机包括大型运输机、新型预警机、空中加油机以及民航大型客机等，由于承担的任务和飞行环境与空战飞机有较大的差异，在总体性能指标上除了快速性，更突出安全性和经济性。2005 年，美国航空无线电设备通信公司/美国航空公司电子工程委员会飞机数据网络工作组(ARINC/AEEC AND)在对商用以太网进行确定性和可靠性改造的基础上,结合 IEEE802.3 协议和 ARINC664 Part7 规范发布了航空电子全双工交换式以太网(Avionics Full Duplex Switched Ethernet,AFDX)协议,它是一种全双工、高数据率、双冗余的总线,具有可靠性高、实时性好、成本低等优点,已成功应用于大型客机 A380、B787 和 C919 以及大型军用运输机 A400M 等机型,是新一代大型飞机航空总线的理想选型。

3.3.1 基本特征

AFDX 是一个定义航空电子子系统间数据通信的协议标准,它对以太网技术进行了改进,提高了网络性能,减少了通信延迟,并保证了通信网络具有延迟确定性,通信速率达到 100Mb/s。

1. 经济性和开放性

在 F-35 飞机的航空电子系统的研制过程中,美国军方为了实现经济可承受、性能良好、可改进性和重新使用能力四大指标,极力强调采用 COTS 技术和开放式结构。COTS 技术即商用现成组件(commercial off-the-shelf),是利用市场上的各类产品和技术去集成所需的测控系统,而不是像过去那样开发研制专用的软硬件系统,因此 COTS 技术具有很高的性价比和技术含量。以太网是目前应用最为广泛的网络技术,技术支持资源丰富,开发工具和环境健全,硬件供应商众多,价格低廉,其网络技术已经非常成熟,已经得到广泛使用,并积累了丰富的软硬件实践经验。而 AFDX 技术正是在避免以太网实时性差和不确定性的基础上提出来的,其开发具备了丰厚的基础条件,发展潜力巨大。开放式系统(opening system)最基本的原则就是在工程和系统设计中应用标准接口和符合这些标准的设备,它可以在维护和提高系统性能的情况下降低开发成本,缩短开发时间。既降低了成本又增加了软件寿命,使系统不受硬件技术过时的影响,而且容易升级。

2. 带宽和服务

通过先进的排序管理和多带宽应用策略,并引入"带宽间隔分配"(BAG)概念、最大化帧长度等方式来进行带宽的分配和管理,保证了数据传输的完整性和确定性。AFDX 采用网络交换机来替代传统以太网中的集线器、网桥和路由器。它克服了传统以太网由于传输链路共享造成信道冲突的问题。采用 MAC 帧交换技术,使得交换机可以提供 10M~100M 的全双工端口,满足了人们对高带宽的需求,同时减少了信道阻塞,提高了传输速率。由于摆脱了共享信道模式,也为更好地实现局域网内安全的数据传输提供了技术基础。

3. 冗余管理

AFDX 系统采用热备份余度连接,终端系统之间通过多个独立冗余的网络进行通信,每个数据帧同时在多个网络上进行发送,在正常情况下,每个终端系统将会收到多份同样的数据帧,这样,即使网络中某个部分如交换机或链路出现故障,AFDX 系统仍可提供可靠安全的数据传输,而热备份也消除了由链路切换造成的延迟对网络数据通信的影响。

4. 电气连接

新的体系建立在 IEEE802.3 的标准之上,因此其物理层信号的类型以及传播方式都跟传统以太网相同。其物理层是双线差分信号,通过一对并行、耦合的传输线来传输,一根传输信号,另一根传输它的互补信号,最终输出这对差分信号的比较值,它通过两路信号的相减实现减小外界干扰的目的,其结构具有抗干扰能力,传输介质可以是铜或光缆。

3.3.2 系统结构

AFDX 采用网络交换机来替代传统以太网中的集线器、网桥和路由器,呈现星型的拓扑结构,如图 3-23 所示。为了保证系统的冗余特性,每一个终端系统与交换网络之间有两条双向的连接。交换机与交换机之间级联,终端系统与交换机之间或两交换机之间都通过全双工链路连接,每台交换机连接终端系统的数量由交换机的端口数和实际情况决定。

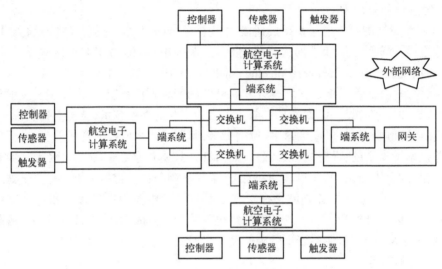

图 3-23 AFDX 拓扑结构

1. 交换机

交换机是 AFDX 网络的核心组件,基于帧交换技术为源端和目的端主机之间提供一个直接快速的点到点连接,为每一个端口提供独占的网络带宽,突破了传统以太网共享带宽的限制,使得每个站点的实际带宽大大提高,AFDX 网络中每个站点对应于交换机的一个端口,各端口之间同时形成多个数据通道,它们之间的数据输入和输出不必竞争底层的传输信道,摆脱了 CSMA/CD 模式,因此具有更高的确定性和实时性。交换机用存储转发方式工作,在系统中只会出现点对点的连接,不会出现碰撞。交换机通过优先权机制来安排数据包在交换机中的发送顺序,所以系统是确定的、可靠的。

交换机作为 AFDX 网络中完成帧转发功能的设备,其功能分为 5 个部分,主要功能模块如图 3-24 所示。

过滤警管模块:对通过交换机的 AFDX 帧进行检验和过滤,减少网络无效帧的传输,确保网络故障控制功能。

交换功能模块:实现 AFDX 网络中数据帧的转发功能。

配置模块:实现按照 AFDX 网络集成者设计的配置表完成对相关模块的配置的模块。

监控模块:监控网络上交换机的工作状态。

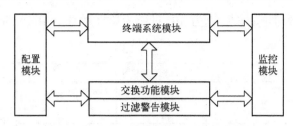

图 3-24　AFDX 交换机主要功能模块

终端系统(ES)模块:其功能遵循 AFDX 关于终端系统的规范,唯一的区别是 AFDX 交换机内嵌终端系统模块去掉了帧的冗余管理功能。

2. 终端系统

终端系统嵌入到每个航电子系统中,由其提供 AFDX 总线接口并将航电子系统与 AFDX 网络连接起来。每个航电子系统的终端系统为航电子系统之间提供安全、可靠的数据交换。其链路传输速率为 100Mb/s。AFDX“确定性网络”特性主要由终端系统实现,AFDX 终端系统主要完成流量整形与调度、完整性检查和冗余管理等功能。

3.3.3　数据格式

AFDX 网络中传输的信号和以太网一样是以帧的形式存在的,帧是以太网通信信号的基本单元,其帧结构与 IEEE802.3 中定义的以太网帧结构类似。AFDX 帧结构如图 3-25 所示。

字节	7	1	6	6	2	20	8	17~1471	1	4	12
	前导码	帧起始定界符	目的地址	源地址	类型(IP v4)	IP头	UDP头	AFDX数据	序列号	帧校验序列	帧间隔

图 3-25　AFDX 帧结构

帧中各字段的意义如下:

前导码(preamble):长度为持续 7B 的“10101010”同步信号,标志着 AFDX 帧的开始,作用是使接收节点进行同步,并做好接收数据帧的准备。

帧起始定界符(SFD):长度为 1B 的“10101011”,表示有效帧的开始。

目的地址(DA):长度为 6B。ARINC664 规范指出,AFDX 数据帧的目的地址分为两个部分:固定域(constant)和虚链路标识符(VL_ID)。每个端系统所发送数据帧的目的地址的固定域都是一样的,且固定域第一个字节中的最后两位恒为“1”,分别表示目的地址支持多播地址和单播地址。一个虚链路标识符代表一条 VL,目的地址格式如图 3-26 所示。

目的地址:48bits	
固定域 (32b)	虚链路标识符 (16b)
xxxx xx11 xxxx xxxx xxxx xxxx xxxx xxxx	

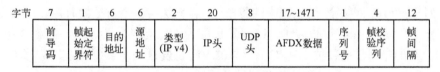

图 3-26　AFDX 帧的目的地址格式

源地址(SA):源地址的长度也为 6B,只能为单播地址。ARINC664 规范中对源地址的格式如图 3-27 所示。

Constant field (24b)	源地址:48b				Constant field(5b)
	Network_ID(8b)		Equipment_ID(8b)	Interface_ID(3b)	
	Constant field(4b)	4b	3b	5b	
0000 0010 0000 0000 0000 0000 0000 0000	0000				00000

图 3-27 AFDX 帧的源地址格式

在 AFDX 网络中,源地址 Constant 域中第一个字节的最后两位恒为"10",表示源地址为单播地址。Network_ID 的高 4 位恒为"0000",低 4 位表示网络号码。Equipment_ID 长度为 8 位,是发送数据帧的端系统的编号。Interface_ID 指示发送数据帧的端系统的 MAC 连接的是哪个冗余网络。

类型(type):传统的 IEEE802.3 以太网协议中,这个位置为长度/类型域,在 AFDX 网络中,这个位置的数值只代表传输的数据帧的类型。因为 AFDX 网络中传输的数据包符合 IP v4 的标准,所以类型域为代表 IP v4 类型的固定值"0800"。

IP 头:符合 IEEE802.3 标准格式。

UDP 头:符合 IEEE802.3 标准格式。

AFDX 数据域:表示要传送的 AFDX 数据,数据长度为 17~1471B。为了满足最小帧长度的要求(≥64B),需要对长度较短的帧进行填充若干个 0 使之达到最小帧长。

序列号:AFDX 网络中,端系统中的每条 VL 在发送每一个数据帧时都要加入序列号,用于区分正常操作情况下的冗余帧,序列号长度为 1B,范围为 0~255。端系统初始化以后,每条 VL 的序列号被置位为 0,对于相同的 VL,每发送一个数据帧该序列号自动加 1,当序列号递加到 255 时下一个帧的序列号循环回 1。

帧校验序列(FCS):长度为 4B 的 CRC 校验码。

由上可知,AFDX 帧的结构沿用以太网帧的结构,遵守 IPv4 的标准,并针对 AFDX 网络进行了调整。AFDX 网络中数据帧通过层层封装,最终实现数据传输,目的节点要对接收到的数据帧进行拆封,去掉附加的信息,最后将有效数据提交给上层。

3.3.4 通信控制

AFDX 是为了满足航空电子系统的通信要求,对以太网进行改进而来的一种具有网络确定性的航空数据总线。对于机载数据网络,确定性是最紧迫的要求,即源端系统发送出去的每个数据帧都必须在确定的时间范围内被目的端系统接收,因此 AFDX 网络需要 ES(包括 AFDX 交换机上的 ES 模块)对传输到虚拟链路的数据进行调度,控制数据帧的传输时间。

ES 协议栈的作用就是对端系统发送和接收的数据按照要求的帧格式,进行有效、及时地封装和解析,并完成相应的控制调度,实现 ES 的通信功能,满足 AFDX 网络的确定性要求。图 3-28 描述了 ES 协议栈与 OSI 7 层结构模型的对应关系,图中 ES 协议栈按照层次划分,可以分为应用层(AFDX 通信服务层)、传输层、网络层、链路层(虚拟链路层)和物理层。

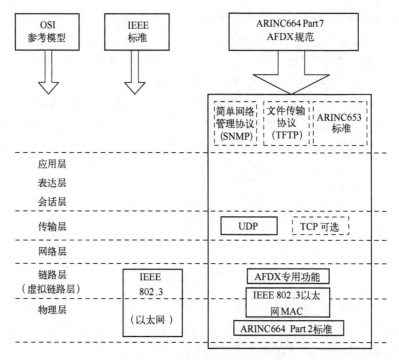

图 3.28　ES 协议栈与 OSI 模型

AFDX 应用层的应用程序(航空电子子系统)通过 AFDX 端口(遵循 ARINC653 标准)发送或接收消息。AFDX 传输层和网络层与 OSI 模型的传输层和网络层功能基本相似。AFDX 物理层遵循 ARINC664 第二部分的规范,完成原始数据位的物理传输。AFDX 链路层(虚拟链路层)和普通的以太网有较大差别,遵循 ARINC664 第七部分的规范,具有用于网络确定性控制的流量整形调度机制以及对 AFDX 网络的冗余管理机制,负责实现 AFDX 的专有功能。

1. 虚链路

虚链路(virtual link,VL)是 AFDX 的基础,可理解为从一个终端系统到另一个或多个终端系统之间的单向的逻辑路径。一个终端系统可以是一个或者多个虚链路的源,终端系统通过虚链路来交换帧。虚链路是一种逻辑上的通信调度对象,物理上多条逻辑链路可共用一条以太网物理链路,如图 3-29 所示。

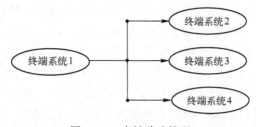

图 3-29　虚链路连接图

虚链路是一种通信信道,它有定义好的传输时间段,可以保证如下方面的确定性:从一个源端到多个目的端的传输路径、整个 AFDX 网络带宽、异步终端之间时间安排、最大延迟和抖动、访问网络延迟等。虚链路的主要特点是一条虚链路定义一条从一个终端系统到多个目标终端系统之间的单向的逻辑连接,每个虚链路有确定的最大带宽。虚链路有两个需配置的参数,最大帧长度(L_{max})和带宽分配间隙(BAG),虚链路带宽 B_{max} = 8000×L_{max}/BAG,通过虚拟链路的时间选择可以实现带宽控制。

在 AFDX 网络中,使用虚链路 ID 号来对数据帧进行路径选择。根据交换机的预置,可将收到的数据帧分配到一个或多个输出链路。一个端系统只能产生特定虚链路号的数据帧,因此,虚链路将一个端系统的数据帧转发给固定的多个端系统,如图 3-30 所示。

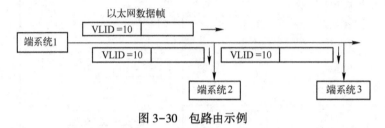

图 3-30 包路由示例

由图 3-30 可知,源端系统 1 在网络中发送一个虚链路 ID 号为 10 的数据帧,AFDX 交换机把数据帧转发到预先设置的目的端系统集合中,即端系统 2 和 3。虚链路提高了资源利用率,间接地保证了 AFDX 网络的实时性。

2. 带宽分配

带宽分配间隔(bandwidth allocation bag,BAG)是 AFDX 中最主要的带宽控制机制。在没有抖动的情况下,带宽分配间隔是指两个连续的 AFDX 帧起始位之间的最小间隔,如图 3-31 所示。

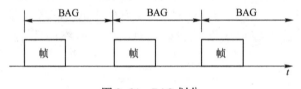

图 3-31 BAG 划分

AFDX 应为每条虚链路指定确定的 BAG,BAG 的值规定为 1ms、2ms、4ms、8ms、16ms、32ms、64ms、128ms 共 8 种。对于某条 VL,固定了它的 BAG,也就是固定了它的带宽。同一条 VL 的相邻两帧之间的间隔必须大于或等于该 BAG 值。

虚链路 BAG 值的选择取决于当前 AFDX 端口提供的链路传输级别。假设一个航空电子子系统需要使用一条虚链路为 3 个 AFDX 通信端口发送消息,各个端口消息频率分别为 20Hz、30Hz、40Hz,那么该虚链路上总的消息频率为 90Hz。消息平均传输时间为 11.1ms(1000/90)。因此,为了保证该虚链路上有足够的带宽,BAG 的值应该选择小于 11.1ms 的值,小于 11.1ms 的 BAG 值为 8ms,相应的频率为 125Hz。这样虚拟链路就可以为三个端口无冲突地传输数据。源端系统使用 BAG 值来限制虚链路输出,带宽分配间隔使有限的带宽资源得到了充分的利用,提高了带宽利用率。

3. 时延抖动

对于传统的以太网,由于传输数据的间隔是不确定的,并且传输时会产生突发,帧的到达过程可以看作一个服从泊松分布的随机过程,因而在一个较短的时间周期内带宽是没有限制的。而在 AFDX 网络中，每一个 VL 对应不同的帧间隔，帧的到达间隔符合 BAG 的要求，因此数据通过网络的延时是可计算的。ARINC664 规范规定，时延分发送时延和接收时延，定义为在端系统空闲状态下，接收或者发送一帧数据，其过程所需要的时间。其中发送时延应小于 150μs+帧延迟，接收时延应小于 150μs。

抖动(jitter)是指从带宽分配间隔开始到发送出去的帧的第一位之间的时间间隔。ARINC664 规范规定每条虚链路允许的最大抖动满足下面公式：

$$\begin{cases} \text{max\_jitter} \leqslant 40\text{us} + \dfrac{\sum_{i \in \{VLset\}}(20 + L_{\max}) \times 8}{N_{bw}} \\ \text{max\_jitter} \leqslant 500\text{us} \end{cases}$$

式中，$L_{\max}$ 为虚链路上最大帧的长度；N_{bw} 为介质带宽；40μs 为固有技术延时。在任何情况下，抖动都必须被控制在 500μs 以内。AFDX 通过端系统的发送虚链路确保帧间隔和抖动，并且通过交换机的警管过滤功能将不符合 BAG 和抖动要求的帧过滤掉，保证网络的确定性和实时性，抖动与 BAG 的关系如图 3-32 所示。

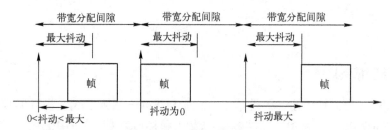

图 3-32 抖动与 BAG 的关系

第一帧和第二帧是满足抖动和 BAG 的合法帧，而第三帧的抖动超过了所规定的最大抖动，该帧在进入交换机时将被过滤掉。抖动的产生主要有两种原因：一种是在交换机由于内部阻塞或者输出阻塞等因素造成的时延抖动；另一种是源端系统复用同一条物理线路同时发送多条 VL 的帧时，对这些 VL 的帧发送调度，比如两条 VL 在某一时刻都有帧要发送，根据调度法则就会推迟某一帧的发送时间，产生新的抖动。

为了减小抖动，AFDX 中采用虚拟链路调节器来对接收到的不同频率的数据帧进行调节，使得调节后的数据帧能有序地、规则地在网络中进行传输，最大限度地减少抖动，便于接收端的接收。

4. 流量整形

一个端系统可以有多条虚拟链路，AFDX 在发送端采用流量整形机制对各条虚链路分配通信资源，流量整形的目的是限制突发流量的出现。每条特定虚链路上帧的流量整形通过两个参数来描述：带宽分配间隔(BAG)和最大帧长($L_{\max}$)。

为了确保每条虚拟链路的 BAG，需要对帧进行一定的调整，如图 3-33(a)所示，它表示对一条虚拟链路的数据包进行流量整形。端系统中的每条虚拟链路都需要根据自身的 BAG 进行流量整形，最后将这些整形后的帧合并到一条物理链路上进行发送，如图 3-33(b)所示，表示的是三条虚拟链路合并为一条物理链路。

流量整形可以使数据流以比较均匀的速度向外发送，限制了虚拟链路上的突发流量，使消息的传输延迟可以控制在某个范围之内。ARINC664 规定,虚拟链路中的最大延迟为 $BAG_i+max\_jitter^+$ 传输中的技术延迟。

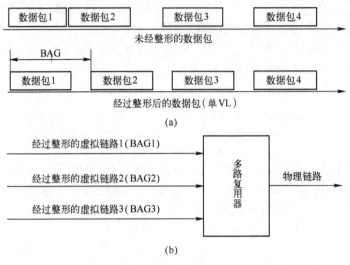

图 3-33 流量整形

3.3.5 接口应用

AEB 系列 AFDX 总线接口板是基于 Altera 和 Xilinx 系列 FPGA 设计实现的,实现了 ARINC664 Part7 规定的 AFDX 标准数据的发送和接收功能,支持 100Mb/s 速率的数据传输。

1. 接口逻辑结构

AEB 系列板卡接口形式多样,包括 PCI 总线、CPCI 总线、PCI-E 总线、PXI 总线、PC104+总线接口等。

AFDX 通信系统按功能划分可划分为 4 个层次:MAC 层、IP 协议层和 UDP 协议层以及主机接口层功能。

MAC 层需要实现物理链路的虚通道管理和 MAC 层的冗余管理功能,虚通道管理需要将每个 MAC 对应的物理链路划分为多个逻辑虚链路,余度管理负责 MAC 层帧的余度处理,在发送数据过程中,余度管理负责将需要数据帧复制到两个 MAC 发送到网络,当收到数据时,对从不同 MAC 收到的帧进行判断,选择一路正确的数据转交上层处理。余度管理中数据接收采用先到先有效的策略负责从两路 MAC 收到数据中,选择一个提交上层协议处理,VL 管理和余度管理由硬件系统 FPGA 逻辑实现。

IP 协议层提供无连接的数据报传输机制,对数据进行"尽力传递",即只管将分组传往信宿机,无论传输正确与否,不做验证,不发送确认,也不保证分组的正确顺序。IP 协议主要完成数据报封装、数据报分片、片的重组、分片控制等功能。

UDP 协议层实现用户数据报文协议,它建立在 IP 协议之上提供无连接的数据报传输。提供了协议端口,保证进程间的数据通信。

主机接口层功能负责提供与主机系统的接口,主机接口层需要循环查询主机命令和数据组织数据传输,并将接收到的数据放到缓冲通知主机处理,主机接口提供采样、队列、

SAP 三种通信接口。

AFDX 总线接口板结构如图 3-34 所示。

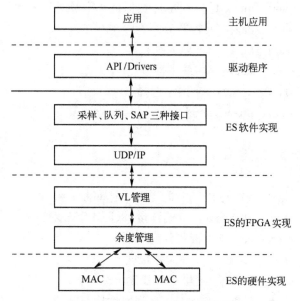

图 3-34　AFDX 总线接口板结构

2. 安装使用

AEB 系列板卡可运行在 Windows 2000/XP/Vista7/8 操作系统、VxWorks 操作系统，提供相应的板卡安装包，支持用户进行开发。

3. 数据结构

（1）AFDX 通信端口配置信息结构体。

```
typedef struct{
    unsigned int      ICDId,/* 端口配置 ID,全局唯一 */
    unsigned int      IpSrc,/* 源 IP 地址 */
    unsigned int      IpDst:/* 目的 IP 地址 */
    unsigned short    UdpSrc:/* 源 udp 号 */
    unsigned short    UdpDst:/* 目的 udp 号 */
    unsigned short    VLId:/* 虚链路 ID */
    unsigned short    SubVlId:/* 子虚拟链路号 */
    unsigned short    PortModeType:/* 端口类型 */
    unsigned short    UdpNumBufMessage:/* UDP 缓冲消息个数 */
    unsigned short    UdpMaxMessageSize:/* UDP 缓冲消息最大长度 */
    unsigned short    UdpSamplingRate:/* UDP 刷新频率 */
    unsigned int      fragment_flag:/* IP 包分片标志 */
}portCfg:
```

（2）发送 VL 配置表信息结构体。

```
typedef struct{
```

```
        unsigned short    VLId;/* VL 配置 ID,全局唯一 */
        unsigned  short   SubVLNum;/* 子虚拟链路数 */
        unsigned  short   unused;/* 偏移量,保证 4 字节对齐 */
        unsigned  short   bag;/* 带宽分配间隔 */
        unsigned  short   Lmax;/* 最大帧长度 */
        unsigned  short   Lmin;/* 最小帧长度 */
        unsigned  short   netsel;/* 网络选择 */
        unsigned  short   jitter;/* 最大允许抖动 */
}SendVLCfg;
```

(3) 接收 VL 配置表信息结构体。

```
typedef struct{
        unsigned  short   VLId;/* VL 配置 ID,全局唯一 */
        unsigned  short   SkewMax;/* 偏移量,保证 4 字节对齐 */
        unsigned  short   bag;/* 带宽分配间隔 */
        unsigned  short   Lmax;/* 最大帧长度 */
        unsigned  short   Lmin;/* 最小帧长度 */
        unsigned  short   IcckeckEnable;/* 完整性检查 */
        unsigned  short   RmEnable;/* 冗余管理 */
}RecVLCfg;
```

(4) ES 配置信息定义如下:

```
typedef struct{
        unsigned short esCfgNum;/* es 配置表编号 */
        unsigned short speed;/* 网络速率 */
        unsigned int cfgLen;/* 配置表长度 */
        unsigned int version;/* 版本号 */
        char name[32];/* 端系统名称 */
        char domainId;/* 域 ID,4 位二进制代码 */
        char SideId;/* 边 ID,3 位二进制代码 */
        char LocationId;/* 位置 ID,5 位二进制代码 */
        char unused;/* 保证 4 字节对齐 */
        /* 分区配置 */
        unsigned int    partNum;/* 分区个数 */
        ES_PARTIONCfg  * partcfg;/* 分区配置指针 */
        /* 发送端口配置 */
        unsigned int    SndportNum;/* 发送端口个数 */
        portCfg         * Sendport;/* 发送端口指针 */
        /* afdx 接收端口配置 */
        unsigned int    RcvportNum;/* 接收端口个数 */
        portCfg         * Recport;/* 接收端口指针 */
```

/*发送 VL*/
unsigned int   SndVLNum;/*发送 VL 个数*/
SendVLCfg   *SendVL;/*发送 VL 指针*/
/*接收 VL*/
unsigned int   RecVLNum;/*接收 VL 个数*/
RecVLCfg   *RecVL;/*接收 VL 指针*/
ICMP_ONLINE_CFG *icmpCfg;/*icmp 配置*/
RTC_CFG   *rtc_cfg;/*RTC 配置*/
SNMP_INFO_CFG   *snmpCfg;/*snmp 配置*/
unsigned int   *arinc615aCfg;/*ARINC615A 配置*/
}ESCfg；

4. 控制函数

（1）初始化函数。

AfdxPortLibInit：AFDX 驱动库初始化函数，在使用 AFDX 驱动库函数之前，必须首先调用该函数。

（2）加载配置函数。

loadCfg：加载配置到 ES，在使用 afdx 端口之前必须调用该函数加载配置，配置加载后，端口由底层自动创建。

（3）通信端口。

afdxComPortRcvMsg：通信端口接收函数，接收通信端口的数据。

afdxComPortSndMsg：通信端口发送函数，发送通信端口的数据。

（4）SAP 端口函数。

afdxSAPPortRcvMsg：SAP 端口接收函数，该函数通过 SAP 端口接收数据。

afdxSAPPortSndMsg：SAP 端口发送函数，该函数通过 SAP 端口发送数据。

第4章 局部与无人机机载总线

当前无人机进入了快速发展阶段,军事、民用的领域性决定了任务、结构、成本的多样性,机载总线的类型也随之跨越性增加,除了典型的 1553B 总线外,高端还使用了 FC、AFDX 高性能总线,而低端借鉴了工业控制中成熟的技术使用了 RS-422 和 RS-485 总线。纵观军用、民用新型飞机除了主总线之外,针对不同要求的子系统内部使用了多种局部(或称辅助)总线,如系统级 1394 总线、子系统级 TM 总线、模块级 CAN 总线、电路板级 RapidIO 总线、图像传输 DVI 总线等,无人机总线和局部总线是全面理解和学习现代航电系统的重要配套内容。

4.1 机载 1394 总线

IEEE1394(又名 Firewire 或 iLinkTM)标准是由苹果公司于 1987 年提出,1995 年公布为工业标准,广泛应用于消费类电子设备之间的连接。MIL1394B 总线是 SAE 在 IEEE1394B 的基础上,进行扩展和约束形成的军用标准,它定义和规范了基于航空航天应用的操作和物理线缆的电气特性,用以满足航空领域对高可靠性、低延迟、确定性的要求,已经用于 F-35 等四代军用飞机中。

MIL1394B 总线协议体系如图 4-1 所示,包括军事和航天应用的接口需求(SAE AS5643)、远距离传输的铜介质(S400)接口特性(AS5643/1)、军事和航天应用的 AS5643 IEEE1394B 接口需求的测试计划/程序(AS5657)、用于远距离传输的 AS5643/1 S400 铜介质接口特性的测试计划/程序(AS5706)、关于 AS5643 和 IEEE1394B 的常见问题(SAE AS5708)、军事和航天应用使用手册(AS5654)。

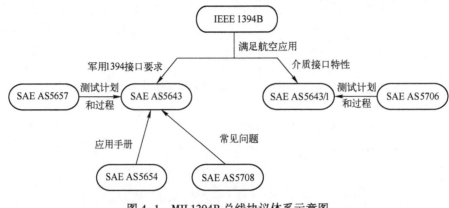

图 4-1 MIL1394B 总线协议体系示意图

4.1.1 系统组成

完整的 MIL1394 网络的构成组件包括控制计算机节点 CC、远程节点 RN、监控节点 BM。节点可以分布在不同的网段上,每个网段(即一条总线端口)可包含 64 个节点(地址 0~63),其中 63 被用作公共广播节点地址,因此一条总线上可连接 63 台设备。1394 网络允许最多 1024 个网段,网段间可用网桥互连,所以共可连接 64512(1024×63)台设备,拓扑结构为树形或菊花链形,如图 4-2 所示。

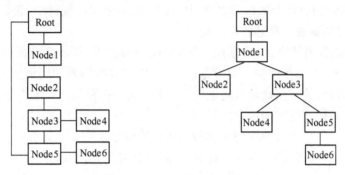

图 4-2　1394 总线拓扑结构

各节点在数据传输之前需进行握手通信,建立连接后即可开始传输,具体过程如下:设备首先要求控制物理层。若进行异步传输,则数据发送方和接收方交换地址,双方确认后转入链路层进行数据传输。接收方收到数据包后会进行校验并向发送方传回确认信息,若出错,则启动错误修复机制进行重发。如果进行同步传输,发送方首先要求获得一个特定带宽的数据通道,然后将通道 ID 号附加在数据中发送,接收方对数据流进行检测。

在电缆环境下,每个总线可连 63 个节点,每个节点最大有 2048MB 存储空间。每个节点有唯一的地址,能够被单独定址、复位和识别。每个单独的节点可以连接起来,构成一个树状结构或菊花链结构。由于信号衰减,因此两个节点之间的距离不超过 4.5m。

4.1.2 分层协议

MIL1394 接口传输协议分为物理层、链路层、处理层和管理层,如图 4-3 所示。每个协议层都规范了一套相关的服务流程来支持总线配置、管理总线项目并实现应用程序与 1394 总线各协议层之间的通信。

各层功能分别如下:

(1) 物理层:提供 1394 电缆与 1394 设备间的电气及机械方面的连接,完成实际的数据传输和接收任务,提供初始设置(initialization)和仲裁(arbitration)服务,以确保在同一时刻只有一个节点传输数据,以使所有的设备对总线能进行良好的存取操作。一个物理层可以包含多个端口,每

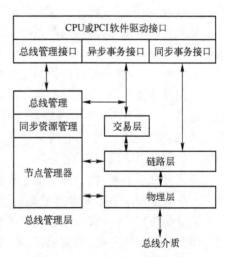

图 4-3　1394 总线接口传输协议

个端口使用两对双绞线来传输信息,形成可带有分支的多路连接,支持必需的总线配置、公平仲裁以及数据包传输等事件。在实际使用中,物理层由特定的集成电路芯片和电缆等来实现。

(2) 链路层:充当处理层和物理层的接口协议层,可将来自处理层的请求或响应转换成对应的数据包并发送到 1394 总线上。提供数据包传送服务,即具有异步和同步传送功能。异步传送与大多数计算机应答式协议相似;同步传送为实时带宽保证式协议。同步传送适合处理高带宽的数据,特别是对于多媒体信号。同步信号传送对于要把 AV 产品的信号保存到 PC 的硬盘上的消费者尤其重要。在实际电路设计中,链路层功能可以由一块专用的链路层集成电路芯片来实现。

(3) 处理层:又称事务层、交易层。支持异步传输的写、读和锁定操作。此处,写即是将请求方的数据送往一个或多个响应方;读即是将有关数据返回到请求方;锁定即是写、读指令功能的组合,数据从请求方传送至某个响应方,并在响应方指定地址中进行数据处理,待处理数据结束后返回请求方的过程。

(4) 管理层:负责系统结构控制,配置总线、管理总线节点。对于一个完善的节点,其管理层可以包括总线管理器、等时资源管理器和循环控制器等部分。

4.1.3 总线特征

(1) 基本性能:传输速率 100M~3.2Gb/s、传输距离 4.5~100m、节点规模 63 个、传输介质为电缆或光缆。

(2) 分布式管理控制机制:设备不分主从,都是主导者和服务者,多台计算机可以共享一台设备。

(3) 支持多种传输方式,同步和异步的传输,点到点通信模式,线缆传送电源支持远距离传输。

除此之外,MIL1394B 还具备如下特性。

1. 确定性

通过预配置的网络拓扑、强制根节点、使用异步流包、静态分配通道号、预先分配带宽、分时包传输等措施来保证总线的确定性。

预配置的网络拓扑:网络的拓扑由应用的需求进行配置,并且在整个飞机的生命周期内尽可能保持不变。

强制根节点:在预配置的网络拓扑中,根节点指定到控制节点,不允许更改。

使用异步流包:异步流包是异步时间间隔内发送的等时包,异步流被用于网络上大多数的通信。使用 STOF 提供网络全局同步,STOF 包由每条总线上的 CC 按照固定的帧速率发送,STOF 包通知总线上所有的节点新的一帧的开始。通过传输一个固定速率的 STOF 包,便可以实现网络的同步。

静态分配通道号:因为异步流包在格式上与等时包一致,所以也由通道号来确定目标节点。总线上每个节点的通道号是由应用预先分配的,根据体系结构而定。

预分配带宽:每一帧开始后(STOF 包),总线上每个节点的发送和接收的时间由应用根据体系结构预先分配,称为偏移,精确到 1μs。

分时包传输:网络拓扑中,所有节点按照固定的接收、发送的偏移时间进行包的分时传输。

2. 可靠性

主要采用故障检测、故障隔离、故障恢复、故障容忍以及故障保护等手段来提高可靠性。

故障检测：纵向奇偶校验、健康状态字、心跳、CC 状态字和 CC 失效字检测。

故障隔离和恢复：CC 交叉互联、端口使能和断开、物理层线缆供电。

故障保护：主要由两级冗余提供故障保护、环检测和断开、三余度总线配置。

传输媒介：SAE AS5643/1 定义了针对 1394B 中 S400 速率的铜缆传输媒介的各种物理特性和连接器的规范。

4.1.4 数据格式

1. 寻址方式

1394 总线对应的控制和状态寄存器（CSR）结构给定了一个 64 位的固定寻址方法，如图 4-4 所示。其中前 16 位用来代表节点标识 node_ID，如此寻址空间可达 64K 个。IEEE1394 总线将节点标识 node_ID 分为两个小段，分别为 bus_ID 和 physical_ID，分别占高 10 位和低 6 位。每一段都保留了全部位置为 1 的备用方案（即用于广播），所以，IEEE1394 总线可供寻址的总线是 1023 条，每条总线可供寻址的独立节点是 63 个。

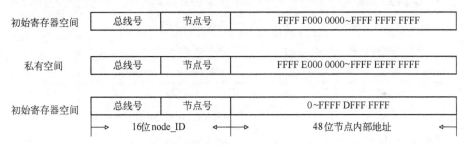

图 4-4　IEEE1394 总线寻址结构

48 位节点内部地址表示的空间大小是 2^{48} 字节，这是一个地址连续的内存空间，分成初始内存空间、私有空间和初始存储器空间。其中，初始内存空间包括保留给中心 CSR 寄存器使用的地址资源 2048B、指定串行总线的寄存器空间、ROM_ID 空间的前 1024B 以及一个为指定节点的资源保存的初始单元空间。私有空间保留给本地节点使用。

实际上，节点只能使用初始单元空间的前 2048B。标准 CSR 和配置 ROM 的 2048B 以及初始单元空间的前 2048B 用完后会分配给 CSR 空间的前 4096B，用于 CSR 构造声明 32 位扩展寻址。

2. 数据编码与位序

IEEE1394B 协议支持数据 8B/10B 方式编码格式。系统总线上所有数据都是 Bit0 为最高有效位，Bit31 为最低有效位，如图 4-5 所示。

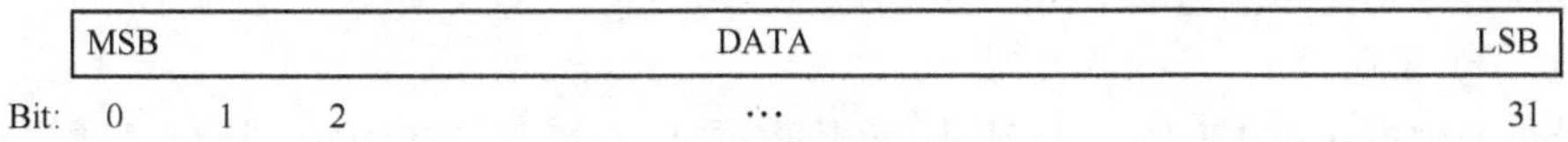

MSB	DATA	LSB
Bit: 0　1　2	…	31

图 4-5　数据位序

3. 数据包

总线上所有数据都必须 32 位对齐,所有浮点数都必须兼容 IEEE-754 的浮点格式,系统总线支持的数据类型如表 4-1 所列。

表 4-1 数据结构

数 据 类 型	数据类型描述	位 长 度
Boolean Bit	Boolean Bit	1
Very Short Enumerated	Very Short Enumerated	8
Character	Character	8
Boolean Byte	Boolean Byte	8
Signed Very Integer	Signed Very Integer	8
Unsigned Very Short Integer	Unsigned Very Short Integer	8
Short Packed Boolean	Short Packed Boolean	16
Short Enumerated	Short Enumerated	16
Signed Short Integer	Signed Short Integer	16
Unsigned Short Integer	Unsigned Short Integer	16
Long Enumerated	Long Enumerated	32
Unsigned Long Integer	Unsigned Long Integer	32
IEEE Floating Point	IEEE Floating Point	32
Variable Length Data Stream	Variable Length Data Stream	32
Unicode	Unicode	32
String	ASCII Character String	32
Signed Long Long Integer	Signed Long Long Integer	64
Unsigned Long Long Integer	Unsigned Long Long Integer	64
IEEE Double Floating Point	IEEE Double Floating Point	64

对于给定的异步流包发送位速率,最大异步流包负载定义如表 4-2 所列。

表 4-2 速率与包长

数 据 速 率	最大异步流包长
S100B(100Mb/s)	512B
S400B(400Mb/s)	2048B

硬件逻辑应为每个数据包提供最小 2048B 数据缓冲暂存,以支持发送最大包长的能力。S100B 速度下,驱动在构造数据包时,注意使包长不超过 512B。

数据包包括异步流包和 STOF 包两种。

1) 异步流包

异步流数据包由 1394 头、ASM 头、负载数据区、包尾和 CRC 组成,异步流数据包遵从图 4-1 结构和本节的定义,其中 1394 包头 CRC 和数据 CRC 由链路层进行校验。

节点发送常规异步流消息的机制由主机应用软件、FPGA 逻辑、链路层和物理层配合实现。对于常规异步流消息的发送,主机应用软件负责填写负载数据部分,FPGA 逻辑负责根据发送消息的其他内容包括 1394 头、ASM 头和包尾,完成打包过程,链路层芯片完成 CRC 的计算和再次打包,并向物理层发出仲裁申请,物理层完成总线仲裁申请及完整数据包的发送过程。异步流包的包格式定义如表 4-3 所列。

表 4-3 异步流包格式

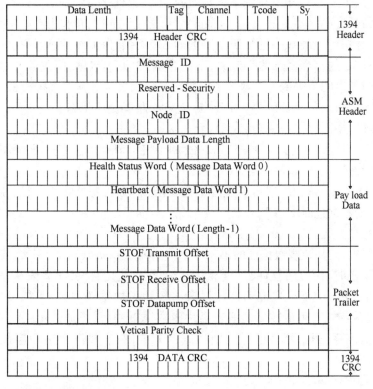

异步流包格式各字段说明如下。

(1) 1394 头(1394 Header)。

数据长度(Data Length):1394 头的高 16 位是数据长度,是指定负载数据区域中字节的数量,含 ASM 头、负载数据区和包尾。

标签(Tag):保留,设置为 0。

通道(Channel):是标识异步流包发送的目标节点,每个通道号都必须被逻辑预先定义。

事务代码(Tcode):被设置为二进制 1010,表明数据包类型为异步流包。

同步码(Sy):保留,设置为 0。

包头 CRC(Header CRC):CRC 的数据由 IEEE-1394B 链路层硬件产生。

(2) ASM 头(ASM Header)。

消息 ID(Message ID):ASM 头的第一个字为消息 ID,对于总线上的每条消息,消息 ID 是唯一标识消息的 32 位数据。硬件逻辑调度发送配置表时,获取发送包信息 ID 信息,按照协议规定自动构造包头。

安全字(Reserved Security):32 位,用于存放消息主题 ID,对于网络管理消息 ID 固定为 0。

节点 ID(Node ID):ASM 头的第三个字为节点 ID,32 位,用低 16 位数来唯一标识同一总线上的不同节点,16 位中高 10 位有效数据为总线 ID,低 6 位有效数据为物理 ID。由硬件逻辑自动读取物理层芯片信息获取。

优先级(Priority):ASM 头的第四个字的高 8 位,表示消息的优先级,0 为最高优先级,127 为最低优先级。优先级的设置不是必须的,可以根据子系统的需要进行设置。

消息负载长度(Message Payload Length):24 位,以字节为单位,定义为实际应用数据的长度,由软件指定。ASM 头的第四个字的后 3 个字节为负载数据长度,负载数据长度表示包括消息 ID 的整个消息的字节数,不包含 ASM 头和包尾,但包含心跳和健康状态字。消息负载长度的最大值为数据长度中规定的最大负载数据大小减去 32 个字节(ASM 头和包尾的字节数),最小长度为 8 个字节(包含心跳和健康状态字)。

(3) 负载数据区(Message Payload)。

健康状态字(Health Status Word):32 位,用于表示节点以及节点下属通道、所属子系统等的工作状态信息,由软件指定。

心跳(Heartbeat):32 位,节点所生成消息的心跳信息,初始化为 0 值,由驱动软件指定,每次发送新数据包时增"1"。

(4) 消息数据区(Message Payload)。

消息数据内容,从负载数据区的第三个字(Message Data Word 2)开始,必须按照四字节对齐。在发送时,由应用软件将负载数据区填充主机内存,并更新发送消息主机端指针,硬件逻辑通过 DMA 方式自动将数据搬移至片内数据缓冲区,等待发送;在数据接收时,硬件逻辑首先将负载数据区填充至片内数据缓冲区,再通过 DMA 方式自动将数据搬移至主机内存,驱动软件通过中断或查询方式,在主机内存中相应位置读取接收到信息。

(5) 包尾(Packet Trailer)。

STOF 发送偏移(STOF Transmit Offset):硬件逻辑调度发送配置表时,获取发送信息,按照协议规定自动构造。

STOF 接收偏移(STOF Receive Offset):保留。

STOF 数据泵偏移(STOF Datapump Offset):保留。

VPC:32 位,纵向校验码,包尾的第四个字。异步流包的垂直奇偶校验计算方法是将整个异步流包除包头和 CRC 的所有内容(从 ASM 头的消息 ID 到包尾的预测与健康管理偏移)按位异或,最后将结果按位取非得出 VPC。垂直奇偶校验的计算主要由 FPGA 逻辑自动完成,实现方法主要分为发送消息 VPC 值的计算并组合成完整数据包、接收消息 VPC 值的计算并完成 VPC 值的比较。

数据 CRC:32bits,由芯片生成的循环冗余校验码。发送时由 IEEE1394B 链路层硬件产生,接收时同样由 IEEE1394B 链路层硬件进行校验比较。

2) STOF 包

CC 按照固定的帧速率发送 STOF 包(帧速率的±0.1%),STOF 包是在通道 31 上发送的异步流包,是特殊的异步流包,没有包头和包尾。STOF 消息格式如表 4-4 所列。

表 4-4 STOF 消息格式

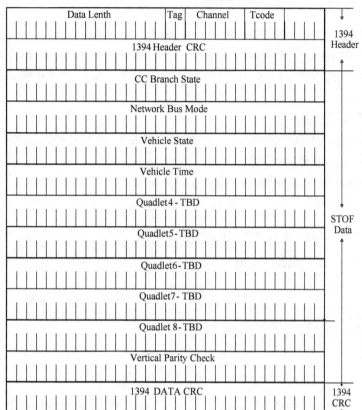

STOF 消息格式各字段说明如下。

(1) 1394 头：1394 包头第 1 个四字节，在 STOF 包中，规定为 0x00281FA0。CC 节点的 FPGA 逻辑在发送 STOF 包时对 1394 头的填写为固定的 0x00281FA0 值，以确保 STOF 包发送的正确性，RN 节点 FPGA 逻辑在接收到 1394 头为 0x00281FA0 的异步流包时，便确认是 STOF 包。

(2) CC 分支状态：分支状态字由驱动软件填写。

(3) 总线模式：由驱动软件填写，具体定义为 0x0 表示总线模式为初始化状态，0x1 表示表示总线模式为正常工作，0x2 表示总线模式为程序上传。

(4) 飞机状态：定义飞机系统状态，飞机系统状态由驱动软件填写。具体定义保留。

(5) 飞机时间：定义飞机飞行时间，此处为日历的年、月、日时间。

硬件逻辑在构造 STOF 包时，应严格按表 4-4 定义。驱动软件提供访问 STOF 包信息的接口。

(6) 其他消息：Quadlet6~Quadlet8 由系统应用软件填写，初始化置 0。

(7) 垂直奇偶校验：VPC 为 32 位，STOF 包的垂直奇偶校验的计算方法是将整个 STOF 包数据区的所有内容按位异或，最后将结果按位取非得出 VPC。对于 STOF 包 VPC 的发送计算和接收计算并比较的设计方法与常规异步流消息的设计方法相同。

(8) 1394 数据 CRC：1394 数据循环冗余码校验发送时由 1394B 链路层硬件产生，接收时同样由 1394B 链路层硬件进行校验比较。

4.1.5 传输控制

为保证数据包在各节点之间传输的速度及可靠性,1394规范定义了两种服务,用来在网络各节点的协议层间传递参数,规范利用这些功能对事务进行初始化或对所接收的事务作出响应,规范定义的在各协议层传递数据的服务功能包括异步事务传输和等时事务传输服务。

1. 异步事务传输及服务

1394总线提供的异步传输模式是一种带有CRC校验、反应时间灵敏的传输方式。通过这种方式,可以传输非连续的数据,并且在发生传输错误时可以重新发送,通过请求操作和响应操作来保证数据传输的准确性。图4-6给出了IEEE1394总线异步传输的示意过程。

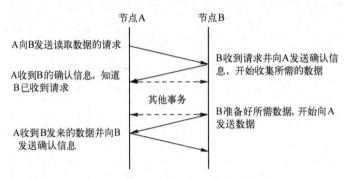

图4-6 IEEE1394总线异步传输过程示意

1394总线只允许异步传输使用最大20%的总线带宽,以保证数据传输的质量。在进行异步传输时,参加传输节点不会被指定到特定的总线带宽,但总线保证任何参加异步传输的节点能够获得公平的访问时间,并且确保每一个参加异步传输的节点都在同样的时间周期内正确的访问总线。

1394总线规范定义了三种异步事务传输的操作类型:读、写和锁定。在应用程序对异步事务发出请求的时候,将会对当前异步事务进行初始化,最终向请求操作发送响应的节点将会发出响应包,并向应用程序确认该请求是否完成。

请求操作:在网络节点进行异步传输时,应用程序通过请求操作向目标节点发送异步传输的请求。

响应操作:接收节点在收到其他节点发送的异步请求之后,会向该节点返回一个响应数据包,作为对该请求的响应,并且会向请求程序确认请求操作是否完成。

2. 等时事务传输及服务

等时传输与异步传输不同,等时传输并不要求确认数据的传输,而是强调了数据的实时性。在这种情况下,需要注意数据是不是能按时达到目标节点,而对于其中某个数据是否出现错误并不十分在意。总线为等时传输所用的最大带宽是整个带宽的80%,目的就是为了保证数据传输的实时性,其过程如图4-7所示。

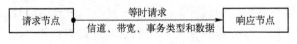

图4-7 IEEE1394总线等时传输过程示意

等时事务的建立:建立等时事务时,首先需要对等时事务进行初始化。初始化操作要从等时资源管理器获得等时传输所需的信道号码和总线带宽。因此,等时资源管理必须具备可用信道寄存器和可用带宽寄存器。这两个寄存器包含等时事务所需的主要资源,在获得信道号码和总线带宽后,通过分配与之接收的等时事务相关联的信道号码,并通过链路等时控制请求,目标节点上的应用程序可以对其完成配置,以便对等时事务作出响应。

保持等时化:保持每个总线节点的等时能力,是初始化和接收等时事务的一个重要目标。根节点每隔一个固定的间隔(125μs)发布一个循环开始数据包。该包会在每个等时间隔的开始处,将所有等时信道等时化,并将等时传输初始化。

当物理层检测到循环开始数据包时,会向链路层发送一个事件通知,链路层控制器再向应用程序发送链路循环等时指示。之后链路循环综合服务会向应用程序传递当前循环计数和当前秒计数等参数。

4.1.6 总线应用

鉴于 MIL1394B 在通信可靠性、实时性、确定性、网络健壮性等方面的优势,在国内外四代战机中已经得到应用,尤其是在 F-35 飞机中,连接飞行管理和任务系统。图 4-8 展示了一个典型的三余度飞行管理计算机的 MIL1394B 网络拓扑结构。每条总线提供了另一级容错。

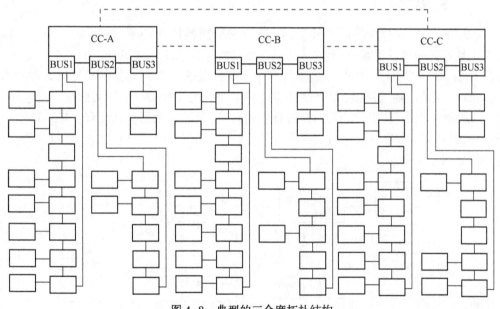

图 4-8 典型的三余度拓扑结构

网络的构成组件包括控制节点(CC)、远程节点(RN)、监视节点(BM)以及连接器、线缆等附件。

CC 模块主要完成的功能:支持 S100B(即 100Mb/s)、S400B(即 400Mb/s)传输速率,支持上电自检 BIT,支持异步流数据传输方式,支持 STOF 包的发送,支持异步流包的 VPC 校验字自动插入和校验。

RN 模块主要完成的功能:支持 S100B(即 100Mb/s)、S400B(即 400Mb/s)传输速率,支持上电自检 BIT,支持异步流数据传输方式,监听 STOF 消息,并根据 STOF 消息更新发送、接收偏移,支持异步流包的 VPC 校验字自动插入和校验,支持基于消息长度、VPC 和 CRC 的消息完整性检查。

BM 模块主要完成的功能:支持 S100B(即 100Mb/s)、S400B(即 400Mb/s)传输速率,支持上电自检 BIT,支持异步流数据监控并做记录,监听 STOF 消息,并做记录。

4.2 RapidIO 总线

RapidIO 最早是由美国水星计算机系统公司(Mercury Computer Systems)提出的分组交换总线,用来连接线路板上的芯片以及机箱内的线路板,它采用包交换技术。在网络处理器、中央处理器和数字信号处理器之间的通信具有高速、低延迟、稳定可靠的互连性。后来创立了 RapidIO 贸易协会和 VITA 国际贸易协会,目前 RapidIO 已经成为了开放的标准,世界各大半导体公司都陆续推出了基于 RapidIO 技术的相关产品,其体系架构如 AT-CA、VITA 系列、CPCI 等系统已在电信、国防、医疗等行业大量使用。

串行 RapidIO 是物理层采用串行差分模拟信号传输的 RapidIO 标准,2001 年发布最初的标准,2002 年发布 1.2 版标准,2005 年发布 1.3 版标准,2007 年发布 2.0 版标准,2011 年发布 2.2 版标准。

4.2.1 系统组成

RapidIO 网络主要由终端器件(end point)和交换器件(switch)两种器件组成。终端器件是数据包的源或目的地,不同的终端器件以器件 ID 来区分。RapidIO 支持 8 或 16 位器件 ID,因此一个 RapidIO 网络最多可容纳 256 或 65536 个终端器件。与以太网类似,RapidIO 也支持广播或组播,每个终端器件除了独有的器件 ID 外,还可配置广播或组播 ID。交换器件根据包的目地器件 ID 进行包的转发,但不对数据包做解释。RapidIO 的互连拓扑结构非常灵活,除了通过交换器件外,两个终端器件也可直接互连,它可支持的拓扑结构如图 4-9 所示。

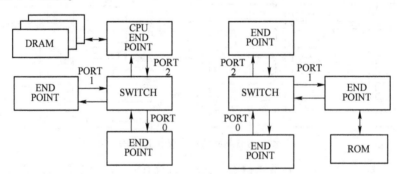

图 4-9 RapidIO 总线拓扑图

RapidIO 网络的路由和交换是通过每个终端设备的 ID 号来实现的。每一个终端都会分配一个唯一的 ID 号,当一个终端发出一个数据包时,在它的包头中包含有目的终端的 ID 号和发送源端的 ID 号。每一个交换器在它的每一个端口上都有一个交换路由表,根据此表就可以决定此数据包由哪一个端口送出。每个端口的路由表需要在系统初始化时进行配置,这与以太网相比,显得不是非常的灵活和智能,但正是如此,使得系统的路由实现变得非常简单。同样对于组播功能的实现也变得简单,只是由单一的传输层就可以实现了。

RapidIO 网络的传输层包头中的另一个字节是 HOP_COUNT,用来实现终端对交换器的初始化和路由配置,RapidIO 交换器的配置可以用任一个与之相连的终端进行配置,当交换器收到一个数据包时,它会首先判断收到包的 HOP_COUNT 值,如果此值是 0,则由此交换器终结此数据包,交换器利用此数据包的数据进行读写操作;如果此值不是 0,则交换器将此值减 1,然后按照目的 ID 值查路由表进行转发。如果是要对级连的多个交换器进行配置,可以在发送这些维护包时设置 HOP_COUNT 为 0,1,2 等对与之相连的第一个交换器、第二个交换器以及第三个交换器,依此类推。

4.2.2 总线特征

RapidIO 网络主要特性是具有极低的延迟性(纳秒级)和高带宽,比 PCI、PCI-X、PCIe 和 Infiniband 延迟都低得多,并很容易实现和 PCI、PCI-X、PCIe、FPDP、以太网等的桥接,适合用于芯片与芯片、板与板、系统与系统之间的高速数据传输。总线支持的信号速度为 1.25GHz、2.5GHz、3.125GHz;RapidIO 2.0 标准支持 5GHz、6.25GHz。由于采用 8/10B 编码,其有效数据速率分别为 1Gb/s、2Gb/s、2.5Gb/s。4 个 1x 端口或一个 4x 端口支持的最高速率为 10Gb/s。

(1) 针对嵌入式系统机框内高速互连应用而设计。

(2) 简化协议及流控机制,限制软件复杂度,使得纠错重传机制乃至整个协议栈易于用硬件实现。

(3) 提高打包效率,减小传输时延。

(4) 简化交换芯片的实现,避免交换芯片中的包类型解析,减少管脚,降低成本。

(5) 分层协议结构,支持多种传输模式,支持多种物理层技术,灵活且易于扩展。

4.2.3 数据格式

1. 传输信号

数据传输采用差分交流耦合信号,具有抗干扰强、速率高、传输距离较远等优点。差分信号的强弱由一对信号线的电压差值表示,协议按信号传输距离定义两种传输指标:

(1) 短距离传输(小于 50cm),主要用于板内互连,推荐的发送端信号峰-峰值为 500~1000mV。

(2) 长距离传输(大于 50cm),主要用于板间或背板互连,推荐的发送端信号峰-峰值为 800~1600mV。

为了支持全双工传输,串行 RapidIO 收发信号是独立的,所以每一个串行 RapidIO 口由 4 根信号线组成。标准的 4x 串行 RapidIO 接口,支持 4 个口,共 16 根信号线。这 4 个口可被用作独立的接口传输不同的数据,也可合并在一起当作一个接口使用,以提高单一接口的吞吐量。

2. 数据编码

发送信号采用 8B/10B 编码方式,降低了信号的跳变频率,有利于节省传输介质和接收电路的成本,并解决了时间同步问题。具体优点是:

(1) 保证信号有足够的跳变,以便于接收方恢复时钟。串行 RapidIO 没有专门的时钟信号线,接收端靠数据信号的跳变恢复时钟。所以需要把信号跳变少的 8 位数据(如全 0 或全 1)编码成有一定跳变的 10 位数据。另外,也使得总体数据中 0 和 1 的个数均衡,以消除直流分量,保证交流耦合特性。

(2) 8/10B 编码可扩大符号空间,以承载带内控制符号。10 位能表示 1024 个符号,其中 256 个表示有效的 8 位数据,剩下的符号中的几十个被用作控制符号。控制符号可被用作包分隔符、响应标志,或用于链路初始化、链路控制等功能。

(3) 8/10B 编码能实现一定的检错功能。1024 个符号中,除了 256 个有效数据符号和几十个控制符号外,其他符号都是非法的,接收方收到非法符号则表示链路传输出错。

接收的过程则正好相反,首先接收方需要根据数据信号的跳变恢复出时钟,用这个时钟采样串行信号,将串行信号转换为 10 位的并行信号,再按 8/10B 编码规则解码得到 8 位数据,最后做 CRC 校验并送上层处理。

3. 数据格式

RapidIO 与以太网一样也是基于包交换的互连技术。如图 4-10 所示,RapidIO 包由包头、可选的载荷数据和 16 位 CRC 校验组成。包头的长度因包类型不同可能是十几到二十几个字节。每包的载荷数据长度不超过 256 字节,这有利于减少传输时延,简化硬件实现。

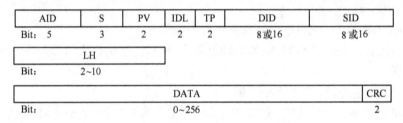

图 4-10 RapidIO 包格式

AID:响应识别符,表示被接收方用作发送响应包的 ID 号,表明此包是否被接收端接收,或是需要重传。

PV:优先级,有 4 个等级,0 是最低的,3 是最高的,优先级高的包将被交换器优先传送。

IDL:识别符长度,指出后续的器件识别码 SID、DID 域长度为 8 或 16 位。

DID、SID:目的、源器件识别码,表达器件的地址。

TP:格式类型;

S:保留位。

CRC:循环冗余校验码,一个或两个 16 位的 CRC 字段,用于接收方判断接收到的数据包的完整性,小于 80 个字节的数据包只有一个 CRC,大于 80 个字节的数据包除了在第 80 个字节后有第一个 CRC 字段后,还会在包的末尾再加上一个 CRC 字段,实现数据包的检错、自动纠错和自动重传的功能,保证数据包被对端完整正确的接收。第一个 CRC 字段可用于对大数据包包头的验证,这样就可以在整个数据包被接收下来之前就可以进行对数据包的处理,交换器的直通模式就是利用了这个特性,这样可以有效减少传送时延。AID 并不包括在 CRC 的计算范围内,这几个位在计算 CRC 时用 0 代替,这样就保证了在每一个链路上 CRC 无须被重新计算。

LH:逻辑层包头,包含数据长度、地址、邮箱等信息,具体内容与 TP 域对应。

4.2.4 传输控制

数据被正确接收时,接收端会发送一个 ACK 响应包给发送端;如果数据不正确(CRC 错或非法的 10 位符号),则会送 NACK 包,要求发送方重传。这种重传纠错的功能由物理层完成,而物理层功能往往由硬件实现,所以不需要软件干预。

协议定义了 6 种基本操作,用来执行相应操作的事务和对操作的描述:NREAD(读)、NWRITE(写)、NWRITE_R(写操作,但操作结束前需要等待一个响应)、SWRITE(流写,面向大数据量 DMA 传送)、Atomic(原子操作,读-修改-写)、Maintenance(维护包,以 Rapid IO 专用寄存器为目标的事务,如系统发现、初始化、配置以及系统维护)。

经常使用两种机制将命令或数据从一个器件到另一个器件,一个是 DMA,另一个是消息。DMA 模式是最简单实用的传输方式,其前提是主设备知道被访问端的存储器映射。在这种模式下,主设备可以直接读写从设备的存储器。DMA 在被访问端的功能往往完全由硬件实现,所以被访问的器件不会有任何软件负担。对上层应用来说,发起 DMA 传输主要需提供以下参数:目地器件 ID、数据长度、数据在目地器件存储器中的地址。使用消息模式传送时,发送端只须访问目标,而不需要像 DMA 方式那样,还需对目标的地址空间的可见性。数据在被访问设备中的位置则由邮箱号(类似于以太网协议中的端口号)确定。从设备根据接收到的包的邮箱号把数据保存到对应的缓冲区,这一过程往往无法完全由硬件实现,而需要软件协助,所以会带来一些软件负担。对上层应用来说,发起消息传递主要需提供以下参数:目地器件 ID、数据长度、邮箱号。

Rapid IO 定义了两种不同的包格式用于消息事务,第 10 类和第 11 类包格式,第 10 类包适合传送 8 或 16 位短信息,可以用于处理器的中断等。第 11 类消息数据最大的载荷是 4096 字节,可以由 16 个消息事务组成,每个最大载荷是 256 字节。Rapid IO 可以支持 4 个讯息信箱,每个信箱可以最多装入 4 个信件,这样发送方可以同时发送 4 个信件到同一个目标信箱。

4.3 TM 测试与维护总线

测试与维护总线 TM(test and maintenance)是对机载航电总线系统的有力补充,通过它可以完成板级和系统级自检测、维护和重构,以及快速定位故障,实现航电系统在测试和维护方面的智能化。减少维护费用,提高系统的稳定性和可用性。

1985 年由美国三家公司提出,1989 年美国国防部公布为 IEEE-STD-1149.5 标准,1991 年美国 SEA 结合航空电子系统修订为 AS4765 标准。F-22、RAH-66 和 F-35 采用了双余度的 TM 总线结构。

4.3.1 基本特征

(1) 串行、全双工、同步数据传输。

(2) 主/从控制模式:总线拥有一个主模块(TM-MASTER)和多个从模块(TM-SLAVE),从模块在主模块的命令下工作,即命令/响应式工作方式。

(3) 多模块结构:协议中规定最多能有 250 个总线从模块。在 0~255 的地址中,251

为广播地址,252~255 为分组广播地址,250 为保留地址,其他才是从模块的地址。较高的地址在总线竞争中具有较高的优先权。

(4) 三种数据传输方式:单点传播方式是主模块和某一个指定的从模块进行信息传输;分组传播方式和广播方式,则是主模块和多个或全部从模块进行信息传输。

(5) 支持多种测试方式:主要针对背板,包括 JTAG 测试、端口读写测试和隔离等。

(6) 工作频率:最高 6.25Mb/s。无特别要求,采用双沿触发。

4.3.2 通信协议

1. 系统结构

TM-BUS 总线协议包括物理层、链路层、消息层三个层次。基本总线拓扑结构如图 4-11 所示。

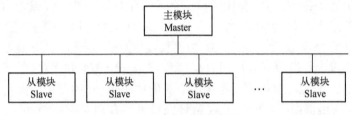

图 4-11 TM 总线结构图

在当前工作结构中,只有一个主模块,可以包含最多 250 个从模块。在每个从模块上都有一个 TM 总线接口部件,其基本功能是实现 TM 总线协议并和主模块交换数据,同时在模块内部通过 TM 以及其他底层总线完成主模块要求的测试、诊断、重构及控制功能。TM 总线有 5 个基本控制信号线,其连接关系如图 4-12 所示。

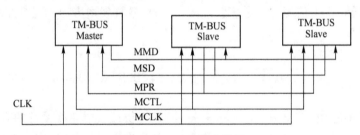

图 4-12 TM 总线连接图

MMD:主模块到从模块的单向信号,传送地址、命令或数据。

MSD:从模块到主模块的单向信号,传送数据;也可以在暂停或空闲状态发出中断。

MCTL:主模块到从模块的单向信号,主模块用它控制 MMD 信号来实现数据的传输。当 MCTL 信号为 1 时,表示 MMD 进行数据传输;该信号为 0,表示在传输过程的暂停状态或空闲状态。模块工作状态如表 4-5 所列。

MCLK:当前时钟源到主模块和从模块的单向信号,起同步作用。规定上升沿发送数据,下降沿接收数据。

MPR:从模块到主模块的单向信号,用于数据包发送中申请增加暂停状态,以便协调不同速度模块之间的数据传输,此信号在协议中不是必备的。

TM 总线有三种状态:传送、空闲(没有数据在总线上传送)和暂停(消息传送中包与包之间的间隔),总线的状态由 MCTL 和 MMD 信号确定,如表 4-5 所列。在空闲和暂停状态下。允许从模块在此期间向主模块请求中断。

表 4-5 模块工作状态

MCTL	MMD	状态
0	0	空闲
0	1	暂停
1	0	传送
1	1	传送

2. 消息格式

总线上传输的基本信息是数据包。有 5 种类型的数据包:头包、应答包、长度包、数据包、空包。格式如图 4-13 所示。

图 4-13 消息包格式

1) 头包也称命令包

头包包括从模块地址、命令、应答标志位和奇偶校验位 4 个域。从模块地址域长 8 位,表示从模块的地址。命令域长 7 位,表示各种命令的编码。应答标志位也称确认请求位,用于表示是否要求从模块返回应答包,如果应答位为 1,则从模块将返回应答包作为响应。在广播或分组广播操作时,不需从模块应答。奇偶校验位采用奇校验。

2) 应答包

应答包包括从模块地址、从模块状态、奇偶校验位三个域。从模块地址域长 8 位表示从模块的地址,其分组地址如表 4-7 所列。从模块状态域长 8 位,表示从模块的状态即状态寄存器 BSR 信息,如表 4-6 所列。其中的总线错误由总线错误寄存器 BER 具体指出,如表 4-8 所列。奇偶校验位采用奇校验。

表 4-6 从模块状态表

应答包位	状态名	缩写	含义(该位为 1 时)
8	模块故障	MFS	从模块自测试失败或不能完成
7	模块忙	BSY	从模块正在执行前面接收到的命令

续表

应答包位	状态名	缩写	含义(该位为1时)
6	事件发生	EVO	应用程序要求中断
5	总线错误	BSE	总线错误寄存器 BER 各位的或
4	分组广播	MSB_1	模块所在的分组地址,参见表4-7 意义
3	分组广播	MSB_0	模块所在的分组地址,参见表4-7 意义
2	暂停中断	PIE	允许从模块在暂停状态下请求中断
1	空闲中断	IIE	允许从模块在空闲状态下请求中断

表 4-7 模块所在的分组地址及意义

MSB_1	MSB_0	地址	意义
0	0	FCH	分组0
0	1	FDH	分组1
1	0	FEH	分组2
1	1	FFH	分组3

表 4-8 总线错误寄存器 BER 说明

寄存器位	状态名	缩写	含义(该位为1时)
15~12	用户自定义		自定义
11	保留		保留
10	广播收到	BMR	正确地接收到了广播或分组广播信息
9	数据错	SDF	从模块检测到 MSD 信号出错
8	资源不存在	CRU	命令的对象不存在致使命令无法执行
7	长度错	IPC	实际包的个数与长度包给出的数目不符
6	非法端口	IPS	不支持所选的逻辑端口地址
5	端口传送错	PIE	端口报告出错
4	命令序列错	CSE	在收到有关命令前未收到允许模块控制命令
3	非法命令	ILC	从模块收到非法命令
2	奇偶错	PRE	检测到所收到的数据奇偶错
1	数据越出错	DOR	从模块尚未准备好时就向它发数据
0	状态序列错	SSE	从模块状态控制器进入 ERROR 状态

3) 长度包

长度包包含数据包数目和奇偶校验两个域。数据包数目域表示将要传送的数据包个数,全0表示将要传送的数据包可以任意数量。奇偶校验位采用奇校验。

4) 数据包

数据包包含16位数据域和奇偶校验域。数据域表示要传送的16位数据。奇偶校验位采用奇校验。

小于或等于16位的二进制数据传送时,按最低数据(LSB)放在第1位,最高数据

(msb)放在第 16 位的顺序确定二进制数据的位置;如果二进制数据大于 16 位时,按下列规则传送:数据将分成多个包进行传送,对原有数据,从低的数据位开始,找出 16 位数据组成一个数据包(该数据包内数据的相对顺序没有改变)直到该二进制数据全部分完,显然最后一个数据包有可能不足 16 位。二进制数据从低数据位的 16 位子数据包开始传送,直到所有的 16 位子数据包都传送完,如图 4-14 所示。建议所有 DATA 数据包中未参加传送数据的位置 0。

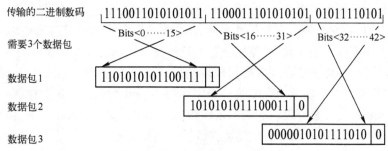

图 4-14 多包数据的传输格式

5) 空包

空包包含 16 位全 0 数据和一位奇偶校验位。

3. 通信控制

TM 总线采用命令/响应工作方式。从模块在主模块的命令下工作,主模块发出 MCTL 信号控制数据传输,主模块通过 MMD 信号传送命令和数据,从模块通过 MSD 信号发送应答、数据和中断请求,通过 MPR 请求主模块暂停数据包传送。主模块和从模块都由时钟源信号 MCLK 同步。

主从模块通信是以消息为单位,一个消息即是主从模块之间一次完整的通信内容。消息由一系列包组成,且以主模块向从模块发送的头包为起始点,同一消息中连续两个包之间通常插入 4 个暂停状态。在总线的暂停状态期间,主模块的 MMD 数据线始终处于置位状态,而控制线 MCTL 仅在 MMD 处于发送状态时才被置位。在消息发送结束时,MMD 和 MCTL 均被释放,总线进入空闲状态。

从模块根据接收到的头包中的命令以及应答位来决定是否需要向主模块回送应答包和数据包。如需回送,则从模块向主模块进行的包传送应该与主模块数据以及控制同步,但有两个时钟周期的延迟。从模块在接收到头包后且控制线又回到置位状态以后延迟两个时钟周期开始发送数据,第一个发回的是应答包。主从模块通信的定时关系如图 4-15 所示。

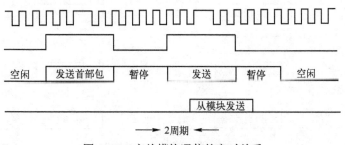

图 4-15 主从模块通信的定时关系

所有信息包的传递一般由主模块控制,但是从模块在数据包传送中,可以通过 MPR 信号线向主模块申请插入暂停状态。这个特性用来适应慢速的从模块。

TM 总线协议不允许从模块来启动数据传送,但在从模块出现状态序列错误或者从模块状态寄存器 SSR 中的 BSE 或 EVO 位被置位时,从模块必须及时向主模块报告状态序列错误、总线错误或导致 EVO 位置位的事件(错误或故障),因此 TM 总线允许从模块以中断的方式获得主模块的服务,从而将错误向主模块报告。对于正被主模块唯一访问的从模块,其中断能力不受 PIE 和 IIE 位的影响,否则其中断能力需由 IIE 和 PIE 位决定。从模块请求中断的方法是在其允许中断期间将模块数据线 MSD 置位,使之处于中断状态,而主模块在收到一个中断后,便发出总线竞争命令,此时,挂在总线上的有中断请求的模块均可竞争总线,做法是发送含有从模块地址的应答包,同时冲突检测电路对 MSD 作检测。如果某从模块成功地向主模块传送了应答包,而没有在 MSD 上检测到冲突,则它便赢得了竞争序列,于是可以将有关的错误信息发出;如果检测到冲突,它便退出竞争序列。由于 MSD 是线或的,因此当从模块在数据线上发出逻辑 1 时,它无法检测到冲突,于是地址较高的从模块相对于地址较低的从模块来说,在竞争总线时具有较高的优先级。对于具有中断请求和中断许可的模块,在竞争失败之后,可以参加下一次的中断与竞争。

除了主从模块间点对点的通信外,主模块还可以使用广播或分组广播的命令对所有的从模块或一组从模块进行访问。广播使用的地址为 FBH,分组广播使用的地址为 FCH-FFH。从模块在正确收到广播或分组广播的命令后将 BMR 位置位,如果没能正常收到广播或分组广播的命令则应将 BSY 或 BSE 位置位,以指示出错。除去竞争总线命令外从模块不在广播或分组广播消息期间在从模块数据线上发送任何包作为响应。广播与分组广播使主从模块间的通信更加灵活也提高了 TM 总线的效率。TM 总线的消息传播数据包格式如图 4-16 所示。

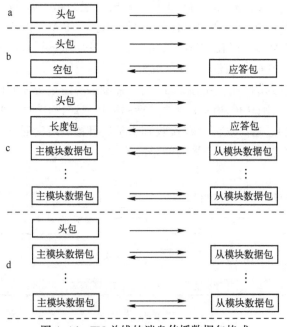

图 4-16 TM 总线的消息传播数据包格式

在图中的 c 和 d 情况下,如头包的命令只要求主模块给从模块发数据,则从模块给主模块的数据包均为空包。同理,若命令只要从模块向主模块发数据,则主模块在长度包之后发给从模块的数据包全是空包。

为了完成 TM 总线的测试和维护功能,主模块应能产生协议规定的命令,并由从模块作出响应。总线上传送的命令有核心命令、数据传送命令、模块初始化和自测试命令、模块控制和测试命令和用户自定义命令。具体命令体现在头包的命令域编码中,命令解释如表 4-9 所列。

表 4-9 总线命令码定义表

命令种类	命令代码	命 令	状态
核心	0000000	读状态	必须
	0000001	中止	必须
	0000010	复位从模块	必须
	0000011	竞争总线	必须
	00001**	选择广播分组	必须
	0001000	允许空闲中断	必须
	0001001	允许暂停中断	必须
	0001010	禁止空闲中断	必须
	0001011	禁止暂停中断	必须
	0001100	允许模块控制	必须
	0001101	数据回馈测试	必须
	0001110	验证 BMR	必须
	0001111	初始化	必须
	0010000	禁止模块控制	必须
	0010001	启动	必须
	0010010-0011111	保留	保留
	1111111	非法命令	必须
数据传送	0100000	读数据	推荐
	0100001	写数据	推荐
	0100010	读/写数据	推荐
	0100011-0100111	保留	保留
模块初始化和自测试(MIST)	0101000	复位模块(带 SBIT)	推荐
	0101001	复位模块(无 SBIT)	推荐
	0101010	启动模块 IBIT	推荐
	0101011-0101111	保留	保留
模块控制和测试(MICT)	0110000	禁止模块 I/O	推荐
	0110001	允许模块 I/O	推荐
	0110010	强制模块输出	推荐
	0110011	采样模块—不改变输入	推荐
	0110100	采样模块—不考虑输入	推荐
	0110101	强制采样模块	推荐
	0110110	释放模块 I/O	推荐
	0110111-1001111	保留	保留
扩展	1010000-1011111	协议保留	保留
用户自定义	1100000-1111110	用户自定义	保留

核心类命令是基本的操作。读状态和验证 BMP 命令提供了对状态寄存器的访问。中止命令让从模块停止执行前面收到的总线命令。复位从模块命令则将从模块接口设置在一个已知状态。启动命令是在从模块执行了初始化命令之后使其处于全功能状态。选择广播分组命令用来指定从模块在分组广播时所属的分组。4 个有关中断的命令对模块的中断能力予以控制。数据回馈测试命令要求从模块回送它收到的来自主模块的数据，它提供了对从模块总线接口的基本测试功能。当需要通过 TM 总线提供控制时，打开从模块接口控制的能力由允许模块控制命令提供，而关闭接口的能力由禁止模块控制命令提供。数据传送类命令允许通过 TM 总线向各目标传送数据，或从各种目标接收数据。

模块初始化和自测试类命令提供了一系列对模块初始化和自检测的控制能力，针对开机自检测(SBIT)和启动自检测(IBIT)两种情况设置了相应的命令。

模块控制与测试类命令提供了检测模块间互连的标准机制。其中，禁止模块 I/O 命令将被认为对总线故障负有责任的从模块迅速脱离背板总线，这将支持模块备份和容错。与之相反，允许模块 I/O 命令则使脱线的模块恢复在线状态。强制模块输出命令用来直接控制从模块输出值以简化模块间互连测试，此时，消息的主模块数据包中必须包含测试样板数据。采样模块命令用来采样从模块输出，消息中主模块发送足够长度的空包以使从模块能发送所有的采样数据。而在强制采样模块命令下，主模块向从模块发出一组强制数据，从模块则送回一组采样数据。最后，释放模块 I/O 命令用来使受测试的 I/O 端口释放，使电路回到功能状态。

在总线命令表中，核心类的中止、启动、初始化和模块控制关闭命令，以及模块初始化、自检测类和模块 I/O 控制与测试类除释放模块 I/O 之外，所有的命令之前都要求有模块控制允许命令，否则为总线错误中的命令序列错。

4.3.3 接口应用

1. 层式测试维护结构

模块化航空电子系统是建立在超大规模高速集成电路技术之上的，由于电路芯片及电路板的密集程度越来越高，许多节点对于传统的检测探针来说无法达到，传统的测试方法面临巨大的困难，于是人们提出层式测试维护结构。它以嵌入到集成电路芯片内部的 BITE 电路为基础，采用多级测试维护总线，构成了从芯片到印制板模块、分系统，最后到系统的分层测试维护结构。在这种结构中，将以模拟信号为主要检测对象的测试转变为基于总线的以数字信息为检测对象的测试。大量的检测工作通过各级测试总线，以发送命令、加载程序与数据、启动运行测试程序、逐级报告检测结果（包括故障信息、对检测数据进行综合的分析与处理等）这样一种高度信息化的方式来完成。

在超大规模集成电路芯片中，嵌入了自检测电路、支持边界扫描电路以及元件检测接口，从而构成了层式测试维护结构的底层。在模块或印制板上，由元件级测试总线提供对于电路芯片的检测通道，它经过测试总线接口连接到子系统底板上的 TM 总线，最后子系统的检测控制模块经系统总线连入系统。为了以最低的费用解决层式结构的检测需求，各级总线无一例外地采用串行总线。TM 总线使用层式互连方式对电子系统进行在线测试，其结构如图 4-17 所示。

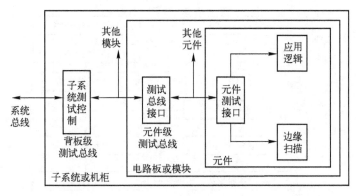

图 4-17 层式测试系统结构

2. 主模块接口

主模块的接口应包括上层系统接口、状态控制逻辑、数据发送和接收逻辑以及寄存器，组成如图 4-18 所示。

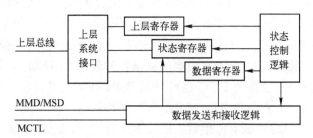

图 4-18 TM 主模块接口组成

上层系统接口主要用于接收测试命令与测试向量，并可将测试结果送出用于分析和处理。状态控制逻辑用于控制主模块的状态并判断总线错误。数据传送逻辑完成数据与控制信息的串并转换，接收及发送数据并判断信息错误。状态寄存器记录模块所处的状态以及测试过程中发生的错误等信息。数据寄存器用于存放并行数据。上层寄存器用于存放测试命令、测试向量。

3. 从模块接口

从模块接口包括输入移位寄存器、输出移位寄存器、输入控制状态机、输出控制状态机、测试 I/O 端口以及命令译码和执行逻辑，组成如图 4-19 所示。

状态机根据主模块的 MCTL 和 MMD 上的信号进行译码，分解出的数据送入移位寄存器，移位寄存器将串行数据转换成并行数据，在保存地址和命令以后，由命令译码和执行逻辑完成所要求的相应操作，最后将处理结果经过输出移位寄存器输出到总线上。从模块接口配置了两个寄存器：模块状态寄存器和总线错误寄存器，分别记录模块状态和总线操作错误等。在接口中还有冲突检测电路，用以保证数据传输的正确和在竞争序列中判断是否成功。

4. 测试方法

1）基本方法

TM 总线是一种主从方式的总线。因此对从模块进行检测一般都是通过主模块对从

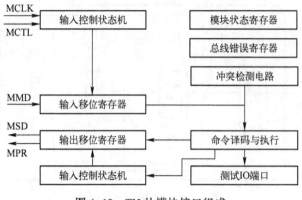

图 4-19 TM 从模块接口组成

模块的访问来实现的。

最简单的检测方法是向被访问的从模块发一个读状态命令,从模块对此的响应是返回一个应答包,不管读状态消息的头包中应答请求位的状态如何,应答包中从模块状态寄存器的内容为收到读状态命令前的 BSR 的内容,不反映读状态命令引起的变化。此后,如果主模块不终止发送消息,而且从模块忙(BSY)位没有置位,则从模块传送应答包之后,将传送包含总线错误寄存器 BER 内容的数据包和若干个用户定义状态的数据包。此外,利用指向适当端口的读数据命令,也可读取 BSR、BER 或其他状态寄存器的内容,读数据命令是非破坏性的,在包传送后,错误指示位不清除。

对于 TM 总线接口的检测可使用数据回馈测试命令,当从模块收到该命令后,则将收到的头包及数据依原样返给主模块。即使头包中的应答位置位,也不返回应答包;即使收到的数据有奇偶错误,也不去纠正返回数据的奇偶错误。

主模块还可以使用带开机自检的复位模块命令和模块启动自检命令,让从模块执行开机自检测或启动自检测,以对模块的功能电路进行测试。

TM 总线规范定义了 8 个端口地址(0010-001F)作为经 TM 总线访问边界扫描总线之用。对从模块上边界扫描总线端口的访问有两种方式:完全测试存取端口(TAP)控制(FTC)和基于功能控制(FBC)。

FTC 方式用于直接控制边界扫描总线的 TAP。在该方式中,主模块经 TM 总线向被访问的从模块上的边界扫描端口发送测试方式选择(TMS)数据和测试向量数据,而从模块上被访端口则根据要求回送应用定义状态(ADS)包,包括空包或与被访端口状态有关的数据包。有 7 个类型的消息可使用 FTC 方式:单个向量传送消息、多个向量传送消息、触发设置消息、解除触发消息以及复位消息。如果从模块具有事件触发能力,则使用触发设置消息就可以实现事件触发能力,触发事件的事件集由模块生产厂商定义并提供文件。

FBC 方式允许比 FTC 方式具有更高级的控制。支持该方式的端口应支持规范所规定的 FBC 的操作集。操作还与初始、终止状态有关,所以要用三元参数描述一个操作(操作码、初始状态、终止状态)。该方式用一组底层预定义的操作使被选中的 TAP 控制器产生状态变化,从而实现所要求的在 TAP 控制器控制下的一系列操作,并获得相应的检测结果。

2) 双 TM 总线

由于 TM 总线在模块化航空电子系统的测试维护结构中起着重要作用,因此为确保其正常工作提出了双 TM 总线的概念。为了支持双 TM 总线,要求每一个 TM 总线通道分别具有自己的 BSR 和 BER,总线错误只影响所在通道的 BER 寄存器,同时 BSR 中应增加一个 DCT(双通道发送位)用以指示双 TM 总线的工作方式。此外,两个通道使用共同的模块状态寄存器 BSR。双 TM 总线有如下三种使用方式。

两个独立的通道:两个 TM 通道相互独立,同时工作,彼此数据各不相同,每个通道均能实时响应 TM 总线协议且有独立的主控权仲裁。

单通道发送:根据主模块的命令,每一时刻只有一个通道响应总线协议而且只在激活的通道上执行主控权仲裁操作。

双通道发送:两个通道都被激活运行,同时发送相同的数据且同时对主控权仲裁作出响应。

在模块化航空电子系统中为确保系统可靠地工作要求有容错和重构的能力,其中对 TM 总线就提出了主控权的概念。鉴于 TM 总线是以主从方式工作的,无疑在任一时刻子系统中必须有一个而且只有一个主模块。在该模块不能正常地执行 TM 总线主模块功能时则应交出主控权而由另一具有 TM 总线主模块能力的后备模块接管。模块可分为三种:

主模块:当前控制和管理 TM 总线的模块。

后备主模块:具有主模块能力但当前处于从模块地位的模块。

单纯从模块:不具有主模块能力只能作为从模块工作的模块。

在 BSR 中增加一位作为 MCS(主模块能力状态位)来区分模块是否具有主模块能力,1 表示有,0 表示无。凡 MCS = 1 的模块都有可能成为主模块。主控权的切换可采用两种不同的方法。

转移:具有主模块能力的模块以菊花链的方式连接,上电后优先级最高的模块成为主模块其余为后备主模块。当主模块检测电路检测到自身主控功能故障时,便释放主控权并将自身 MCS 位消除而其下一级后备主模块自动上升为主模块。

仲裁:仲裁方式基于定时器监测所有具有主模块能力者都具有可编程的定时器来支持主控权的仲裁与转移。定时器首先监测两个主模块有效头包之间的时值,看其是否超过规定主模块有效 MA 的时间长度,如没有超过,则消除定时器重新计时;如发生溢出,则后备主模块便进入竞争。各模块延时 FS(FS = 64×(256−模块地址值))发送头包,这样优先级高的后备主模块,率先发出一个有效的头包使收到该头包的其他后备主模块退出竞争回到后备状态。而处于主模块地位为保持主控权需定时发出有效头包,其时间间隔应小于 MA 的值。

TM 总线的开发服务于项目的实际需求并具有广泛的应用,使其成为模块和子系统故障测试、诊断和维护方面有效的通用测试技术。航空电子设备和系统的故障检测技术是随着航空电子学的发展而发展的。当前计算机和超大规模集成电路技术已使航空电子技术跃上新的台阶。无疑基于各级测试维护总线的层式测试维护结构必将成为航空电子系统的基础结构之一。

4.4 RS-422/485 总线

RS-422 与 RS-485 都是串行数据接口标准,最初都是由电子工业协会(EIA)制订并发布的,克服了 RS-232 通信距离短、速率低的缺点,RS-422 定义了一种平衡通信接口,将传输速率提高到 10Mb/s,传输距离延长到 4000 英尺(速率低于 100Kb/s 时),并允许在一条平衡总线上连接最多 10 个接收器。RS-422 是一种单机发送、多机接收的单向、平衡传输规范,被命名为 TIA/EIA-422-A 标准。为扩展应用范围,EIA 又于 1983 年在 RS-422 基础上制定了 RS-485 标准,增加了多点、双向通信能力,即允许多个发送器连接到同一条总线上,同时增加了发送器的驱动能力和冲突保护特性,扩展了总线共模范围,后命名为 TIA/EIA-485-A 标准。RS-422 与 RS-485 只对接口的电气特性作出规定,而不涉及接插件、电缆或协议,在此基础上用户可以建立自己的高层通信协议。

4.4.1 传输信号

RS-485 与 RS-422 数据信号采用差分传输方式,也称作平衡传输,它使用一对双绞线,将其中一线定义为 A,另一线定义为 B。通常情况下,发送驱动器 A、B 之间的正电平在 +2~+6V,是一个逻辑状态,负电平在 -6~-2V,是另一个逻辑状态。另有一个信号地 C,在 RS-485 中还有一个"使能"端,用于控制发送驱动器与传输线的切断与连接,当"使能"端起作用时,发送驱动器处于高阻状态。接收器也作与发送端相对的规定,收、发端通过平衡双绞线将 AA 与 BB 对应相连,当在收端 AB 之间有大于 +200mV 的电平时,输出正逻辑电平,小于 -200mV 时,输出负逻辑电平。接收器接收平衡线上的电平范围通常在 200mV~6V 之间,如图 4-20、图 4-21 所示。

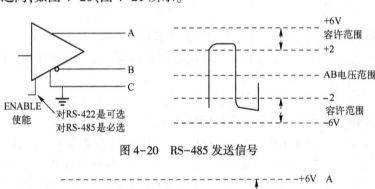

图 4-20 RS-485 发送信号

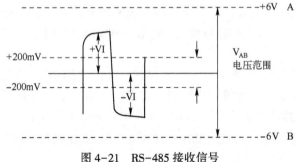

图 4-21 RS-485 接收信号

4.4.2 422 连接特性

RS-422 标准全称是"平衡电压数字接口电路的电气特性",它定义了接口电路的特性,是典型的四线接口,如图 4-22 所示。实际上还有一根信号地线,共 5 根线。由于接收器采用高输入阻抗和发送驱动器比 RS-232 更强的驱动能力,故允许在相同传输线上连接多个接收节点,最多可接 10 个节点。即一个主设备(master),其余为从设备(slave),从设备之间不能通信,所以 RS-422 支持点对多的单向通信。接收器输入阻抗为 4K,故发端最大负载能力是 10×4K+100Ω(终接电阻)。RS-422 四线接口由于采用单独的发送和接收通道,因此不必控制数据方向,各装置之间任何必需的信号交换均可以按软件方式(XON/XOFF 握手)或硬件方式(一对单独的双绞线)实现。RS-422 的最大传输距离为 4000 英尺(约 1219m),最大传输速率为 10Mb/s。其平衡双绞线的长度与传输速率成反比,在 100kb/s 速率以下,才可能达到最大传输距离。只有在很短的距离下,才能获得最高速率传输。一般 100m 长的双绞线上所能获得的最大传输速率仅为 1Mb/s。RS-422 需要接入终结电阻,要求其阻值约等于传输电缆的特性阻抗。在短距离传输时可不需终结电阻,即一般在 300m 以下不需终结电阻。终接电阻接在传输电缆的最远端。

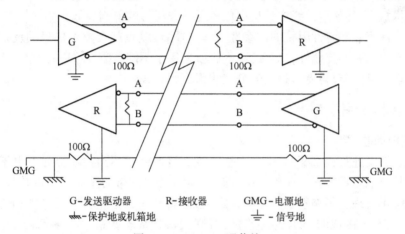

G—发送驱动器 R—接收器 GMG—电源地
⏚—保护地或机箱地   ⏚—信号地

图 4-22 RS-422 通信接口

4.4.3 485 连接特性

由于 RS-485 是以 RS-422 为基础发展而来的,因此 RS-485 许多电气规定与 RS-422 相仿。如都采用平衡传输方式、都需要在传输线上接终结电阻等。RS-485 采用二线方式,二线制可实现真正的多点双向通信,而采用四线连接时,与 RS-422 一样只能实现点对多的通信,即只能有一个主(master)设备,其余为从设备,但它比 RS-422 有改进,无论四线还是二线连接方式总线上可接多达 128 个设备。RS-485 与 RS-422 一样,其最大传输距离约为 1219m,最大传输速率为 10Mb/s。平衡双绞线的长度与传输速率成反比,在 100kb/s 速率以下,才可能使用规定最长的电缆长度。只有在很短的距离下才能获得最高速率传输。一般 100m 长双绞线最大传输速率仅为 1Mb/s。RS-485 需要两个终结电阻,其阻值要求等于传输电缆的特性阻抗。在矩距离传输时可不需终结电阻,即一般在 300m 以下不需终结电阻。终结电阻接在传输总线的两端。总线电气特性如表 4-10

所列。

表 4-10 总线电气特性

总线标准	RS-422	RS-485
工作方式	差分	差分
节点数目	1 发 10 收	1 发 32 收
最大传输长度	4000 英尺	4000 英尺
最大传输速率	10Mb/s	10Mb/s
最大驱动电压	−0.12~+6V	−7~+12V
接收器输入电压	−10~+10V	−7~+12V
发送器共模电压	−3~+3V	−1~+3V
接收器共模电压	−7~+7V	−7~+12V

RS-485 支持 128 个节点,因此多节点构成网络。网络拓扑一般采用终端匹配的总线型结构,不支持环型或星型网络。在构建网络时,应注意如下几点:

(1) 采用一条双绞线电缆作总线,将各个节点串接起来,从总线到每个节点的引出线长度应尽量短,以便使引出线中的反射信号对总线信号的影响最低。

(2) 应注意总线特性阻抗的连续性,在阻抗不连续点就会发生信号的反射。下列几种情况易产生这种不连续性:总线的不同区段采用了不同电缆,或某一段总线上有过多收发器紧靠在一起安装,再者是过长的分支线引出到总线。

4.4.4 实用参考

1. 接地问题

电子系统接地是很重要的,但常常被忽视。接地处理不当往往会导致电子系统不能稳定工作甚至危及系统安全。RS-422 与 RS-485 传输网络的接地同样也是很重要的,因为接地系统不合理会影响整个网络的稳定性,尤其是在工作环境比较恶劣和传输距离较远的情况下,对于接地的要求更为严格,否则接口损坏率较高。很多情况下,连接 RS-422、RS-485 通信链路时只是简单地用一对双绞线将各个接口的"A""B"端连接起来,而忽略了信号地的连接,这种连接方法在许多场合是能正常工作的,但却埋下了很大的隐患。原因是共模干扰问题,正如前文已述,RS-422 与 RS-485 接口均采用差分方式传输信号方式,并不需要相对于某个参照点来检测信号,系统只需检测两线之间的电位差就可以了。但人们往往忽视了收发器有一定的共模电压范围,如 RS-422 共模电压范围为−7~7V,而 RS-485 收发器共模电压范围为−7~12V,只有满足上述条件,整个网络才能正常工作。当网络线路中共模电压超出此范围时就会影响通信的稳定可靠,甚至损坏接口。

2. 辐射问题

发送驱动器输出信号中的共模部分需要一个返回通路,如没有一个低阻的返回通道(信号地),就会以辐射的形式返回源端,整个总线就会像一个巨大的天线向外辐射电磁波。尽管采用差分平衡传输方式,但对整个 RS-422 或 RS-485 网络,必须有一条低阻的信号地。一条低阻的信号地将两个接口的工作地连接起来,使共模干扰电压被短路。这条信号地可以是额外的一条线(非屏蔽双绞线),或者是屏蔽双绞线的屏蔽层。这是最通常的接地方法。值得注意的是，这种做法仅对高阻型共模干扰有效，由于干扰源内阻大，短接后不会形成很大的接地环路电流，对于通信不会有很大影响。当共模干扰源内阻较低时，会在接地线上形成较大的环路电流，影响正常通信。可以采取以下三种措施：

（1）如果干扰源内阻不是非常小，可以在接地线上加限流电阻以限制干扰电流。接地电阻的增加可能会使共模电压升高，但只要控制在适当的范围内就不会影响正常通信。

（2）采用浮地技术，隔断接地环路。这是较常用也是十分有效的一种方法，当共模干扰内阻很小时上述方法已不能奏效，此时可以考虑将引入干扰的节点（例如，处于恶劣的工作环境的现场设备）浮置起来（也就是系统的电路地与机壳或大地隔离），这样就隔断了接地环路，不会形成很大的环路电流。

（3）采用隔离接口。有些情况下，出于安全或其他方面的考虑，电路地必须与机壳或大地相连，不能悬浮，这时可以采用隔离接口来隔断接地回路，但是仍然应该有一条地线将隔离侧的公共端与其他接口的工作地相连。

3. 网络失效保护

RS-422 与 RS-485 标准都规定了接收器阈值为±200mV。这样规定能够提供比较高的噪声抑制能力，如前所述，当接收器 A 电平比 B 电平高+200mV 以上时，输出为正逻辑，反之则输出为负逻辑。但由于第三态的存在，即在主机在发端发完一个信息数据后，将总线置于第三态，即总线空闲时没有任何信号驱动总线，使 AB 之间的电压在-200~200mV直至趋于 0V，这带来了一个接收器输出状态不确定的问题。如果接收机的输出为 0V，网络中从机将把其解释为一个新的启动位，并试图读取后续字节，由于永远不会有停止位，产生一个错误结果，不再有设备请求总线，网络陷于瘫痪状态。除上述所述的总线空闲会造成两线电压差低于 200mV 的情况外，开路或短路时也会出现这种情况，故应采取一定的措施避免接收器处于不确定状态。

通常是在总线上加偏置，当总线空闲或开路时，利用偏置电阻将总线偏置在一个确定的状态（差分电压不小于-200mV）。将 A 上拉到地，B 下拉到 5V，电阻的典型值是 1kΩ，具体数值随电缆的电容变化而变化。上述方法是比较经典的方法，但它仍然不能解决总线短路时的问题，有些厂家将接收阈值移到-200mV/-50mV，可解决这个问题。例如，Maxim 公司的 MAX3080 系列 RS-485 接口，不仅省去了外部偏置电阻，而且解决了总线短路情况下的失效保护问题。

4. 瞬态保护

前面提到的信号接地措施，只对低频率的共模干扰有保护作用，对于频率很高的瞬态干扰就无能为力了。由于传输线对高频信号而言就是相当于电感，因此对于高频瞬态干扰，接地线实际等同于开路。这样的瞬态干扰虽然持续时间短暂，但可能会有成百上千伏的电压。实际应用环境下还是存在高频瞬态干扰的可能。一般在切换大功率感性负载如电机、变压器、继电器等或闪电过程中都会产生幅度很高的瞬态干扰，如果不加以适当防护就会损坏 RS-422 或 RS-485 通信接口。对于这种瞬态干扰可以采用隔离或旁路的方法加以防护。

（1）隔离保护法：这种方案实际上将瞬态高压转移到隔离接口中的电隔离层上，由于隔离层的高绝缘电阻，不会产生损害性的浪涌电流，起到保护接口的作用。通常采用高频变压器、光耦等元件实现接口的电气隔离，已有器件厂商将所有这些元件集成在一片 IC

中,使用起来非常简便,如 Maxim 公司的 MAX1480/MAX1490,隔离电压可达 2500V。这种方案的优点是可以承受高电压、持续时间较长的瞬态干扰,实现起来也比较容易,缺点是成本较高。

(2)旁路保护法:这种方案利用瞬态抑制元件(如 TVS、MOV、气体放电管等)将危害性的瞬态能量旁路到大地,优点是成本较低,缺点是保护能力有限,只能保护一定能量以内的瞬态干扰,持续时间不能很长,而且需要有一条良好的连接大地的通道,实现起来比较困难。实际应用中是将上述两种方案结合起来灵活加以运用。在这种方法中,隔离接口对大幅度瞬态干扰进行隔离,旁路元件则保护隔离接口不被过高的瞬态电压击穿。

4.4.5 485 通信协议

RS-485 标准只对接口的电气特性作出规定,而不涉及接插件、电缆或协议。因此,用户需要在应用网络的基础上建立自己的应用层通信协议。由于标准是基于 PC 的 UART 芯片上的处理方式,因此其通信协议也规定了串行数据单元的格式(8-N-1 格式),1 位逻辑 0 的起始位,6/7/8 位数据位,1 位可选择的奇(ODD)/偶(EVEN)校验位,1/2 位逻辑 1 的停止位。

目前,总线在国内有着非常广泛的应用,除用户自己制定的简单通信协议外,还可使用 ModBus 协议中的一部分功能。当前国家现在执行的行业标准中,颁布有按设备分类的各种通信规约,如 CDT、SC-1801、u4F、DNP3.0 规约和 1995 年的 IEC60870-5-101 传输规约、1997 年的国际 101 规约的国内版本 DL/T634-1997 规约。下面将分别对 ModBus 协议(RTU 模式)进行简单介绍,便于大家对应用层通信协议有一个基本的概念与理解。

1. 查询—响应周期

ModBus 协议遵循查询—响应模式,如图 4-23 所示。

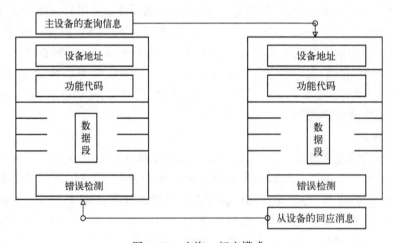

图 4-23 查询—相应模式

查询:

查询消息中的功能代码告之被选中的从设备要执行何种功能。数据段包含了从设备要执行功能的附加信息,例如,功能代码 03 是要求从设备读保持寄存器并返回它们的内容。数据段必须包含要告之从设备的信息,从何寄存器开始读及要读的寄存器数量。错误检测域为从设备提供了一种验证消息内容是否正确的方法。

响应：

此时功能代码是对查询消息中的功能代码的响应。数据段包括了从设备收集的资料,如寄存器值或状态。如果有错误发生,功能代码将被修改。同时,数据段包含了描述此错误信息的代码,错误检测域允许主设备确认消息内容是否可用。

2. RTU 数据帧

设备地址	功能代码	数据数量	数据1	…	数据n	CRC 高字节	CRC 低字节

消息中的每个 8 位域都由两个十六进制字符组成。每个字节包括 1 个起始位,8 个数据位(最小的有效位先发送),1 个奇偶校验位(可选),1 个停止位(有校验时),错误检测采用 CRC 码。消息发送至少要有 3.5 个字符的时间间隔。设备地址的 0 用作广播地址,有些场合可能不允许广播或以其他方式代替。

当从设备响应时,它使用功能代码域来指示是正常响应(无误)还是有某种错误发生(异议)。对正常响应从设备仅响应相应的功能代码。对异常响应从设备返回一个等同于正常代码的代码,但最重要的位置为逻辑 1。

例如:从一个主设备发往从设备的消息要求读一组保持寄存器,将产生如下功能代码:

0 0 0 0 0 0 1 1(十六进制 03H)

对正常响应,从设备仅响应同样的功能代码。对异常响应,它返回:

1 0 0 0 0 0 1 1(十六进制 83H)

除功能代码因异议错误作了修改外,从设备将一独特的代码放到响应消息的数据域中,这能告诉主设备发生了什么错误。主设备应用程序得到异议响应后,典型的处理过程是重发消息,或者报告给操作员。主设备发给从设备消息的数据域包含附加的信息,从设备必须用于进行执行由功能代码所定义的行为。这包括了寄存器地址范围,要处理项的数目,域中实际数据字节数。例如,如果主设备需要从设备读取一组保持寄存器(功能代码 03),数据域指定了起始寄存器以及要读的寄存器数量。如果主设备写一组从设备的寄存器(功能代码为十六进制的 10),数据域则指明了要写的起始寄存器、要写的寄存器数量、数据域的数据字节数以及要写入寄存器的数据。

4.5 机载 CAN 总线

ACAN 全称为机载控制器局部网络(airborne controller area network)。AEEC 组织在 2007 年颁布了 ARINC825 标准,该标准的雏形是博世(BOSCH)公司为汽车监控而设计的 CAN 总线(ISO11898 和 11519 标准),引入了基于时间触发的调度机制 TTA、采用了冗余技术并补充和限定了相关内容,为机载领域应用提供了强有力的支持。近年来在 A340、A380、B787、国产军用飞机、无人机的航电系统以及航天、导弹、战车等领域中得到了广泛的应用。

4.5.1 系统组成

ACAN 系统通过相应的接口连接设备节点构成网络。直接连接不仅提供了设备级故障诊断方法，而且提高了通信效率和设备的互换性。总线遵守串行数据通信协议，采用半双工、多主、全局广播方式传递信息。总线上的每一个设备节点（又称网络设备 NE）既可以是发送器也可以是接收器，连接规模较大，具体数量与传输速率、总线长度以及数据饱和度相关。典型的结构如图 4-24 所示。

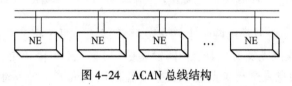

图 4-24 ACAN 总线结构

4.5.2 总线特征

ACAN 继承了 CAN 总线性能，具体特点如下：

（1）多主总线即每个节点均可成为主机，且节点之间也可进行通信，节点数可达 110 个。

（2）采用点对点、点对多点（成组）及全局广播方式传输。

（3）优先级保证实时要求，同时上传时，低优先级的节点主动停发不破坏高级的继续传输。

（4）通信速率有 1000kb/s、500kb/s、250kb/s、125kb/s、83.3kb/s，最高可达 1Mb/s（距离 40m 以下），通信距离可达 10km（速率 4kb/s 以下）。

（5）通信介质可以是双绞线、同轴电缆或光导纤维。

（6）总线采用二进制不归零（NRZ）编码方式。

（7）CRC 检验并可提供相应的错误处理功能，保证了数据通信的可靠性。

（8）节点地址编码改为报文编码，突破规模限制，还可使不同的节点同时接收到相同的数据。

（9）短数据段不会占用总线时间过长，从而保证了通信的实时性也有利于抗干扰。

（10）节点在错误严重的情况下，具有自动关闭总线的功能，不影响总线上的其他操作。

4.5.3 数据格式

1. CAN 消息格式

在总线中传送的报文，每帧由 10 部分组成，协议支持两种报文格式，其唯一的不同是标识符长度不同，标准格式为 11 位，扩展格式为 29 位。

SOF	ID	IDE	DE	RTR	DLC	DATA……DATA	CRC	ACK	EOF

报文的起始位称为帧起始（SOF）并占 1 位，然后是由 11 位标识符 ID 和 1 位扩展标志 IDE 以及 18 位扩展标识符 DE 组成的仲裁场。IDE 为 1 表示使用扩展标识段 DE，标识

符应包含本报文的目的站地址,当然我们可以人为地给29位的标识符赋予一定的意义从而区分不同的报文类型。远程发送请求(RTR)占1位,RTR位区分是数据帧还是远程帧,在远程帧中没有后续的数据字节。

控制场的前4位用来指明数据场中数据的长度(DLC),范围为0~8个字节,其后有一个15位的循环冗余校验码(CRC)。应答场(ACK)包括1位应答位和1位应答分隔符。发送站点发送的这两位均为隐性电平(逻辑1),这时正确接收报文的接收站点发送主控电平(逻辑0)覆盖它。用这种方法,发送站点可以保证网络中至少有一个站点能正确接收到报文。报文的尾部由7位的帧结束EOF标出。在相邻的两条报文间有一很短的间隔位,如果这时没有站进行总线存取,总线将处于空闲状态,呈现隐性电平。

总线报文有4种类型:数据帧、远程帧、出错帧和超载帧。其中数据帧负责传载总线数据,远程帧用于请求发送具有同一标识符的数据帧,错误帧用于表达检测到总线了错误,过载帧用在相邻数据帧或远程帧之间提供附加的延迟。

总线以报文为单位进行数据传送,报文的优先级结合在11位仲裁场中,具有最低二进制数的仲裁场有最高的优先级。这种优先级一旦在系统设计时被确立后就不能再被更改。总线读取中的冲突可通过位仲裁解决,例如几个站同时发送报文时,站1的报文仲裁场为0111110,站2的报文仲裁场为0100110,站3的报文仲裁场为0100111。所有仲裁场都有相同的两位01,直到第3位进行比较时,站1的报文被丢掉,因为它的第3位为高,而其他两个站的报文第3位为低。站2和站3报文的4、5、6位相同,直到第7位时,站3的报文才被丢失。注意,总线中的信号持续跟踪最后获得总线读取权的站的报文。在此例中,站2的报文被跟踪。这种非破坏性位仲裁方法的优点在于,在网络最终确定哪一个站的报文被传送以前,报文的起始部分已经在网络上传送了。所有未获得总线读取权的站都成为具有最高优先权报文的接收站,并且不会在总线再次空闲前发送报文。

报文中的每一位都由不归零码表示,可保证位编码的最大效率。然而,如果在一帧报文中有太多相同电平的位,就有可能失去同步。为保证同步,在5个连续相等位后,发送站自动插入一个与之互补的补码位,接收时,这个填充位被自动丢掉。例如,5个连续的低电平位后自动插入一个高电平位。通过这种编码规则检查错误,如果在一个报文中有6个相同位就发生了错误。

2. ACAN冗余消息格式

ACAN标准引入了基于时间触发的通信机制,支持冗余系统结构。标准推荐29位扩展仲裁场,而11位的仲裁场不强制要求实现,不推荐远程帧和超载帧。冗余技术对域(尤其是冗余通道号RCI)的使用作了进一步的约定,具体的ID分解方式如图4-25和图4-26所示。

LCC	Client FID	SMT	LCL	PVT	Server FID	SID	RDI	IS
bit : 3	7	1	1	1	7	7	1	1

LCC	Client FID	SMT	LCL	PVT	Server FID	SID	RCI
bit : 3	7	1	1	1	7	7	2

图4-25 点对点(PTP)双余度消息ID格式分解

LCC	Source FID	RSD	LCL	PVT	DOC	IS
bit：3	7	1	1	1	14	2

LCC	Source FID	RSD	LCL	PVT	DOC	RCI
bit：3	7	1	1	1	14	2

图 4-26　一对多（ATM）双余度消息 ID 格式分解

图中各符号注意是：LCC——逻辑通道号，FID——机载功能识别，RSD——保留，SMT——服务信息类型，LCL——局部总线唯一，PVT——私密数据，SID——服务标识，RCI——冗余通道号，RDC——冗余设备标识，IS——消息 ID 序号，NID——节点标识，DOC——数据目标代码。

IS（消息 ID 序号）用于区分先后发出的同一消息 ID 的不同消息实例，发送方每次发出特定消息的 ID 消息之前应累加 IS。对于一对多消息，IS 从 0 到 3 循环使用；对于点对点消息，IS 从 0 到 1 循环使用。对于每一条消息，发送方需在两条冗余链路上各发送一个副本，两个冗余副本中消息 ID 序号必须相同。接收方根据消息 ID 序号区分冗余消息。

在一对多双余度消息 ID 格式中，RCI 域全部作为 IS，这个 IS 对应用是透明的。当需要实现应用级别的设备冗余或通道冗余时，可以对 RCI 域进行扩展或采用其他方式实现。在点对点双余度消息 ID 格式中，2 位的 RCI 域中最低位作为消息 ID 序号，另 1 位作为冗余设备标志。

冗余设备标志（RDI）用于区分同一网络中不同节点发出的相同 ID 的点对点（NSC 或 TMC）消息。同一网络中双余度协议支持最多 2 个互为冗余设备的节点。在这种情况下，其中一个设备发出的消息 ID 中 RCI 始终置为 0，而另一个设备发出的消息 ID 中 RCI 始终置为 1。对于不使用冗余设备的应用，建议将 RDI 设置为 0。

除此之外，ACAN 传输层还规定了逻辑通信通道和节点编址的规则与用法，分解规定了数据有效负载，说明了点对点通信机制的节点服务接口，规定了节点的测试和维护信道等，如表 4-11 所列。

表 4-11　逻辑通道分配

通道号	LCC 编码	通道缩写	通道类型	功能描述	优先级
0	000	EEC	ATM	异常通道	高
1	001			保留	
2	010	NOC	ATM	正常通道	
3	011			保留	
4	100	NSC	PTP	节点服务通道	
5	101	UDC	ATM/PTP	用户自定义通道	
6	110	TMC	PTP	测试和维护通道	
7	111	FMC	ATM/PTP	基本帧迁移通道	低

4.5.4　传输控制

总线是通过报文的仲裁场来识别报文以及确定优先级的，这使网络系统的配置变得灵活，用户可以增加一个新的站点进入一个网络，而不用对已经存在的站进行任何硬件或软件上的修改。在实时处理系统中，通常需要传递一些紧急的报文，报文的优先级体现在仲裁场中，其值越小优先级越高（也就是 0 比 1 的优先级高）。总线的信号传输采用短帧结构，每一帧的有效字节数为 8 个，数据长度在控制场中给出。短帧发送时间短，受干扰的概率低。

协议有三种报文级差错检测机制：循环冗余检测（CRC）、帧检测、ACK 错误。协议也提供两种位元级的错误侦测机制：监视、位填充。帧发送成功的确认由发送站与接收站共同完成，发送站发出的 ACK 场包含两个"空闲"位，接收站在收到正确的 CRC 场后，立即发送一个"占有"位，给发送站一个确认的回答。接收节点对正确接收的报文给出应答，对不一致报文进行标记。如果有站点探测到错误，它将发送出错标志终止当前的发送，这可以阻止其他站接收错误的报文，并保证网络上报文的一致性。当数据被终止后，发送站会重新竞争总线并自动地重新发送数据。数据链路层协议采用平等式通信方式，即使主机出现故障，系统其余部分仍可运行。当一个站点状态改变时，它可广播发送信息到所有站点。节点设备通常有一个错误计数器，对发送和接收的错误进行累加，如果超过一定的值就会报错。而进入总线关闭状态，这样做的目的是避免由于节点自身的问题而影响总线上其他设备的正常通信。

第 5 章 机载总线应用与发展

现代飞机中机载总线支撑了航电系统的互联互通,提升了飞行品质和作战效能,本章我们按照飞机类型介绍总线在其中的应用,旨在对航电系统连接有一个完整的全局性的理解。未来飞机面对飞行环境的复杂性和任务的多样化对通信速率、节点规模以及安全性、经济性的要求越来越高,伴随着电子技术和通信技术的进步,未来航空通信网络技术将迎来进一步的跨越式发展。在众多的阶段性研究成果中,我们选取三个发展势头良好,军事应用前景明显的方向予以介绍,了解总线发展的未来走向和技术路线。

5.1 机载总线系统应用

5.1.1 三代机应用

1. F-16 飞机总线结构

F-16 飞机总线系统是三代战机的典型代表,其航空电子系统使用单层次双余度 1553B 总线拓扑结构,如图 5-1 所示。在 F-16 飞机中火控计算机为系统的主控机,惯导计算机为备援机,通过健康检查线观察主控机工作,发现故障后自动切换总线控制权。

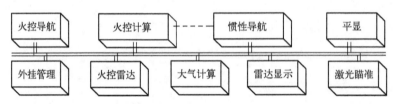

图 5-1 F-16 航空电子总线结构

2. F-18 飞机总线结构

F-18 飞机也基本属于单层次双余度 1553B 总线拓扑结构,如图 5-2 所示。在 F-18 飞机中为了增加可靠性和扩展的灵活性,采用了两台任务计算机作为主控计算机并行使用,互为备份。设置了三个双口通道,通道 1 是由双口总线 1X、1Y 组成。通道 2 由双口总线 2X、2Y 组成。

3. B-52 飞机总线结构

B-52 飞机具有两套 1553B 总线(控制显示总线和导航武器投放总线),每套都呈现双余度连接(以后双余度连线概念不再重复表述)。如图 5-3 所示它们是由同级控制的处理器 A、B 管理的。

第 5 章 机载总线应用与发展

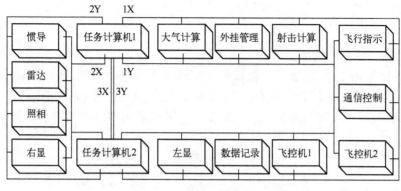

图 5-2 F-18 航空电子总线结构

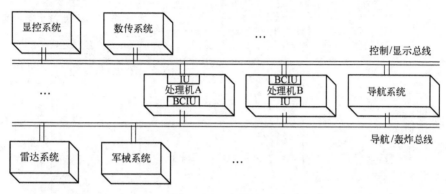

图 5-3 B-52 多总线总线结构

5.1.2 四代机应用

F-22 飞机总线结构由一套光纤高速总线 LTPB 和 5 套 1553B 任务总线组成多层次结构，如图 5-4 所示。高速总线连接三台核心处理机(一台留作战斗力提升)和大容量存储器，构成全局总线，1553B 总线分别承担外挂管理、惯性基准、航空电子和飞行管理、综合飞行和动力控制、综合飞行器系统控制任务，构成局部总线。这种树形多层次结构便于设计实现、故障分析和故障隔离。

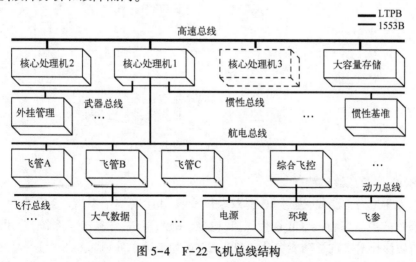

图 5-4 F-22 飞机总线结构

5.1.3 大型机应用

1. A380 飞机总线结构

采用 AFDX 为主总线,通过 9 套双余度交换机连接整个系统,每个交换机连接多达 20 个节点,交换机之间形成多条冗余路径。系统分为飞行控制、驾驶舱、燃油、动力和机舱 5 个子系统,其中飞控内部为三余度连接。A380 飞机总线结构如图 5-5 所示。

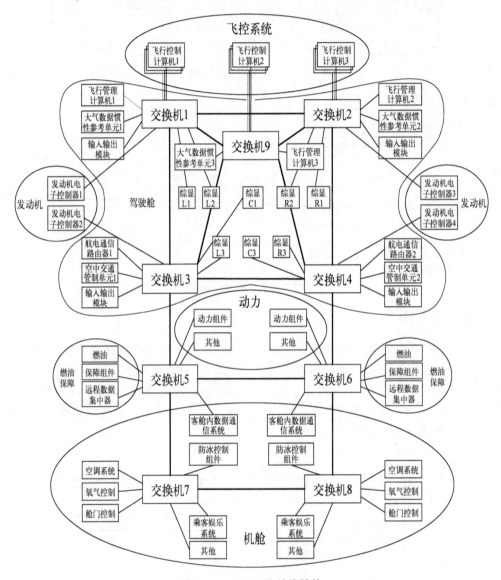

图 5-5 A380 飞机总线结构

2. B787 飞机总线结构

采用 AFDX 为主总线,通过 10 套双余度交换机连接整个系统。2 个中央处理资源 CCR 是系统的控制核心。CCR 取代显控、舱控、飞控、通信、导航等子系统,使用统一的硬件和软件切换技术实现了功能综合。429、422 等为辅助总线,通过 18 个远程数据集中器

RDC 与 AFDX 进行信号转换。B787 飞机总线结构如图 5-6 所示。

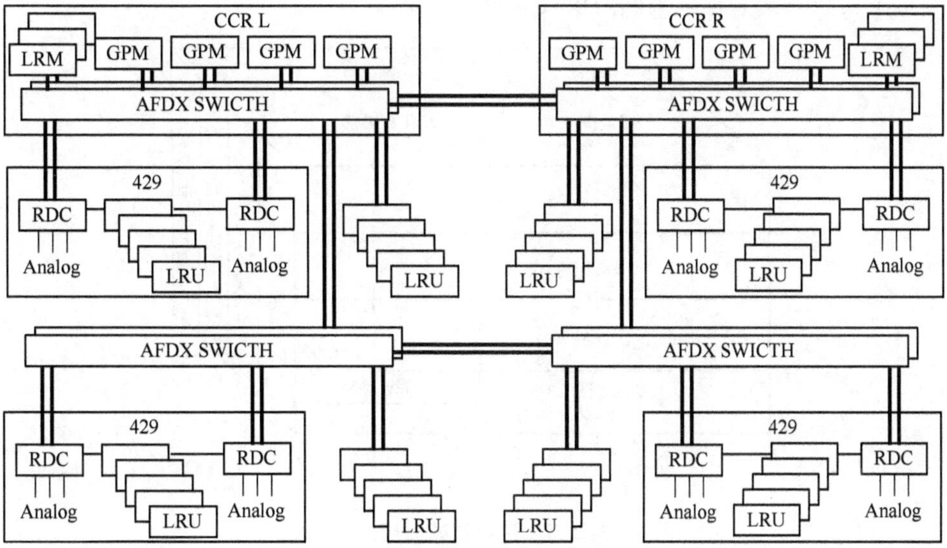

图 5-6　B787 飞机总线结构

5.2　TTE 总线技术

5.2.1　基本原理

时间触发以太网(time-triggered ethernet,TTE)是在 IEEE802.3 以太网上实现的时间触发网络协议,是适用于航空电子系统信息传输的具有高通信确定性的飞机数据网络系统。时间触发通信机制的引入,增加了网络状态的时间信息量,增强了系统的时间确定性,提高了实时服务质量和错误隔离能力,并且为分布式综合化处理提供了服务基础,TTE 是实现分布式综合模块化航空电子系统(distributed integrated modular avionics,DIMA)的基础,已经得到美国国家航空航天局,以及空中客车公司等国外航空设计制造企业的重视。从发展趋势看,TTE 有望作为航空电子全双工交换式以太网(avionics full dupleX,AFDX)互连的子集。TTE 已在 NASA 火星探测项目中得到了洛克希德·马丁公司、通用电气、Honeywell 公司、西科斯基飞机公司等机构的应用支持,未来在大中型飞机的综合化互连中有望获得应用。

1. 基本功能

1) TTE 协议栈结构

传统标准以太网采用事件触发方式来通信,事件触发即由事件的发生引导下一步的处理。事件发生时,若系统满足所要求的资源,则对事件要求的计算资源给予响应;否则,将导致延迟、不稳定甚至不可预测的结果发生。时间触发通信技术是由时间驱动传输的通信机制,通过增强网络的时间确定性,能够很好地满足新兴的航空电子系统架构理念和严格确定性通信需求。与标准以太网相同,TTE 也是基于交换机进行互联,构成交换式数据交换网络。TT 服务的通信控制器按照定义的全局时钟进行数据通信,实现了时间触发的功能,因此,保证了任意两个消息不会竞争使用同一条通信链路。图 5-7 所示为 TTE 的 TT 服务协议栈与其他以太网协议栈的对应关系。

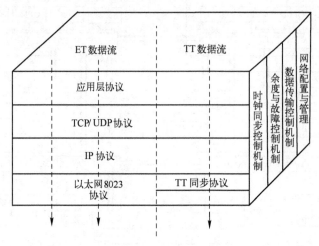

图 5-7　协议栈的对应关系

如图 5-8 所示,由于 TTE 协议只是定义了一个协议控制帧,用于整个网络的时间同步,因此,不用修改消息的内容,通过网络之间的互连协议(internet protocol,IP)或用户数据包协议(user datagram protocol,UDP)等上层消息很容易生成 TT 消息。除了 TT 传输,非 TT 的通信可以在 TT 间隔内出现,这实现了 TTE 中单一的物理网络上支持具有不同实时需求的通信。

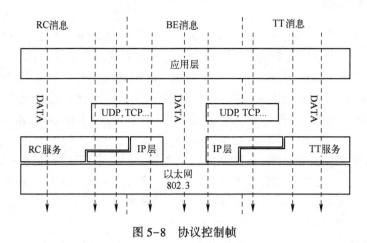

图 5-8　协议控制帧

TTE 在单一网络中可以满足不同实时和安全等级的应用需要,可以支持三种不同类型的数据通信,即 TT 消息、速率受限(rate constraint,RC)消息和传统以太网的尽力发送(best effort,BE)消息,消息的类型可通过消息的目的地址相区别。

在三类消息中,TT 消息的优先级最高,只有交换机在确认时间槽中没有 TT 消息通信时,才将空闲时间槽分配给其他类型的数据流,TT 消息在预先定义的时刻进行通信,采用全局时钟同步,通信实时性最好,适用于消息延迟小、延迟抖动小的确定性通信场合。RC

消息用于实现确定性和实时性比 TT 网络相对较弱的应用,在同一时间点,不同的控制器可以发送消息到同一接收端,导致不同的消息需要在交换机中排队,通信消息的抖动增加。相对于 TT 消息和 RC 消息,BE 消息利用网络剩余的带宽进行数据传输,优先级最低,在网络中没有 TT 消息和 RC 消息的情况下,网络所有带宽都分配给 BE 消息使用,BE 消息实现了传统的以太网通信,具有传输灵活的优势,但不保证消息是否能够发送,消息延迟的长短也不确定。

2) 以太网 802.3 协议

以太网 802.3 协议包括标准物理层、数据链路层。物理层提供有关同步和比特流在物理媒体上的传输手段。数据链路是构成逻辑信道的一段点对点式的数据通路,在物理层提供的比特流传输服务的基础上,在通信的实体间建立起具有数据格式和传输控制功能的节点到节点的逻辑连接。为了监测传输差错,增加传输控制功能,数据链路层把比特流组成帧,并规定了差错控制、流量控制方法以及如何建立和拆除链路等,设立数据链路层的目的是使有差错的物理链路变成无差错的数据链路。

数据链路层在点到点或点到多点的链路上,保证信息的可靠传递。TTE 协议层次结构是以以太网 802.3 的结构和功能为基础的,所以物理层和数据链路层兼容标准以太网,以太网的帧在数据链路层封装。IP 层的数据包加上帧头和帧尾,成为被数据链路层识别的数据帧。加上 TT 同步协议后,TT 数据和 ET 数据作为以太网帧中的数据部分封装在标准以太网帧中,如此即可以不改变现有以太网实现时间触发服务。

3) TT 时钟同步协议

TT 时钟同步协议是在全网内建立同步调度表,实现无冲突数据传输,用来同步终端系统和交换机的本地时钟。所有的 TT 数据都是在预先定义的时间间隙内发送的,TT 数据的发送优先级最高,TT 协议的加入并不改变实现传输数据的相关协议。

根据在时钟同步过程中的不同功能,TTE 中的节点分为同步主节点、压缩主节点和从节点三种类型。同步主节点是指提供本地时钟参与全局统一时间计算的节点,压缩主节点是指对各同步主节点发送的时钟按一定的算法进行表决计算,生成全局统一时间的节点,从节点是指主节点、压缩节点以外的网络节点。通常情况下,同步主节点如图 5-9 所示。

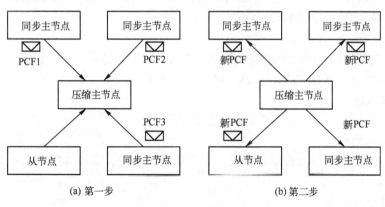

图 5-9 同步结构

同步算法由底层硬件实现。在图 5-11(a)中,同步主节点以时间触发方式向压缩主节点发送协议控制帧(protocol control frame,PCF),PCF 的内容与同步主节点的本地时钟有关,并且在传输过程中记录相关的传输延迟。压缩主节点根据这些协议控制帧到达的时间计算一个时间平均值,形成新的协议控制帧。在图 5-11(b)中,压缩主节点向同步主节点和从节点同时发送新生成的协议控制帧,二者根据新的协议控制帧校正自己的本地时钟,实现全局同步。

4) IP/TCP/UDP 及应用层协议

对于接收,IP 协议层将网络接口层发来的数据包发送到 TCP 或 UDP 层。发送是接收的逆过程,即把从 TCP 或 UDP 层接收来的数据包传送到网络接口层。IP 数据包不确认数据包发送顺序和是否被破坏,数据传输不可靠。IP 数据包格式中包含了发送它的主机地址(源地址)和接收它的主机地址(宿地址)。

TTE 网络中的 TCP/UDP 和标准以太网中的功能相同。一是创建进程到进程的通信,二是在传输层提供控制机制。UDP 提供差错控制,若在收到的分组中检测出有差错的数据包就丢弃该分组。而 TCP 使用滑动窗口协议来完成流量控制,使用分组确认、超时和重传机制来完成差错控制,连接机制是传输层为应用程序提供的另一个重要应用。发送时传输层建立与接收端的连接,把数据流进行分片和标号,然后逐个进行发送。当全部数据流发送完毕后,传输层关闭这个连接,接收时等待属于同一个进程的所有数据流单元达到,进行错误校验后以流的方式将其交付给接收进程。

应用层协议是用户直接访问的网络层次,对应用程序的通信服务。在这一层可以实现用户所需要的应用服务。

2. 传输控制

TTE 网络中能够传输三种数据,分别称为 TT 数据、RC 数据和 BE 数据。这些数据的传输优先级依次下降。

1) TT 数据

当通信节点到达配置传输 TT 数据的时间,通信链路清空所有正在传输的数据,转而为 TT 数据服务,保证 TT 数据无冲突、无等待传输。接收时,也一样无等待接收。

2) RC 数据

采用令牌桶算法实现 RC 消息通信控制,即限制节点端口发送数据的速率,避免过多占用网络带宽,信息传输的时延和偏差有上界。

3) BE 数据

标准以太网数据,利用剩余网络带宽传输,时延、可靠性等得不到保证。

图 5-10 给出了 TTE 数据接收或发送的流程示意。

3. 网络管理

TTE 网络可以在以下几个方面进行配置和管理。

1) 网络结构配置

配置集中控制器、同步控制器或同步客户端。其中同步控制器数目由 PCF 帧内容限制,不超过 32 个。

2) 网络参数配置

可以配置同步优先级、同步域、数据帧周期、时钟精度、最大延迟传输周期、同步周期、TT 帧发送时间。

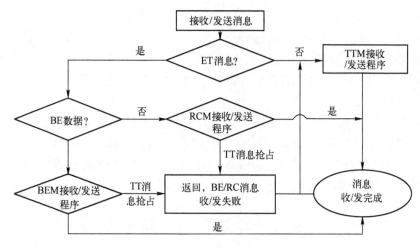

图 5-10 TTE 数据收发流程

3) 设备管理

使用 SNMP(简单网络管理协议)与实时网络管理分别对传输非实时数据和实时数据的设备组件进行管理,实现配置管理、性能管理、安全管理。

4) 故障管理

TTE 网络在时钟同步容错算法中,采用主动并列运行技术,保证某通道故障后,在余度范围内,仍然能够完成时钟同步算法。此外采用数据传输容错机制,运用多通道冗余与备份转换运行技术,使得一部分通道用作备份,以便故障切换。

5.2.2 技术优势

TTE 具有确定性高、延时性低、低成本和高效能的特点,弥补了传统以太网事件触发通信导致确定性低的缺点。TTE 将通信任务通过合理的调度定时触发发送,避免了数据帧争用链路,保证了通信活动的可预测性。

1. 系统集成特性

TTE 主要在 IEEE 以太网标准的基础上提供可预测的实时性,在现有的以太网应用程序基础上无须修改任何软件和硬件,便可直接移植到 TTE 中。

2. 消息传输的确定性

消息传输延迟最小化和传输可确定性的特点使得 TTE 可以更好地满足航空电子系统强实时性的要求。时间触发消息通过离线调度方式,使通信任务和收发操作具有完全的时间确定性。

3. 全局时钟的容错性

全局时钟同步是时间触发系统可用性的基础。全局时钟的任何差错可能导致整个系统的失败,容错的时钟精度在 TTE 设计和实现中尤为重要。

4. 故障隔离的优势。

在系统物理结构确定的情况下,安全性方面在很大程度上要求强大的故障隔离特点。如果一个节点出现破坏事故,则系统必须保证其他任何节点不会受到影响。TTE 的这种特点消除了误差传播,避免了由于一个节点错误而破坏整个传输网络的情况出现。

5. 错误诊断的一致性

对于一个分布式系统来说，在任何时刻，所有正确节点应对哪些节点是错误节点达成一致，这对系统的重新配置和恢复至关重要。非对称节点出现错误可导致其他正确节点间的认知错误，这些认知不同的错误可由相应的算法得到解决。

6. 可扩展性

可扩展性需求决定了新设计的网络系统具有适应用户未来发展的能力，最终体现在网络拓扑结构、网络设备，特别是硬件服务器的选型，以及网络应用系统的配置等方面。一个 TTE 集群内的终端和交换机具有同一个同步优先级，多个集群可以构成更大的网络，不同集群可相对独立运作。

5.3 波分全光路技术

5.3.1 基本原理

波分复用(wavelength division multiplexing，WDM)是在一根光纤中能同时传输多个波长光信号的一种技术。其基本原理是，在发送端将不同波长的光信号组合(复用)，在接收端又将组合的光信号分开(解复用)并送入不同的终端。采用 WDM 技术可以把光纤的传输容量扩大几倍甚至几十倍。

WDM 的关键技术包括三个方面：合/分波器、光放大器和光源器件。合/分波器实际上就是光学滤波器，其作用是对各复用光通路信号进行复用与解复用。对它们的基本要求是：插入损耗低、隔离度高、良好的带通特性、温度稳定性好、复用通路数多及具有较高的分辨率等。光放大器的作用是对复用后的光信号进行直接光放大，以解决 WDM 系统的超长距离传输问题。

1. 光分插复用器(OADM)

未来的 OADM 对上、下光信号将是完全可控的，就像现在分插复用器上、下电路一样，通过网管系统就可以在中间节点有选择地分出上、下一个或几个波长的光信号，使用起来非常方便，组网(光网络)十分灵活。

2. 光交叉连接设备(OXC)

与 OADM 相类似，未来的 OXC 将像现在的 DXC 能对电信号随意进行交叉连接一样，可以利用软件对各路光信号进行灵活的交叉连接。OXC 对全光网络的调度、业务的集中与疏导、全光网络的保护与恢复等都会发挥重大作用。

3. 可变波长激光器

到目前为止，光纤通信用的光源即半导体激光器只能发出固定波长的光波，尚不能做到按需要随意改变半导体激光器的发射波长。将来可能会出现可变波长激光器，即激光器光源的发射波长可按需要进行调谐发送，其光谱性能将更加优越，而且具有更高的输出功率、更高的稳定性和更高的可靠性。不仅如此，可变波长的激光器光源还更有利于大批量生产，降低成本。

4. 全光再生器

目前的再生器即所谓的电再生器，都需要经过光—电—光的转换过程，即通过对电信号的处理来实现再生(整形、定时、数据再生)。电再生器体积大、耗电多、运营成本高。掺铒光纤放大器虽然可以用来作再生器使用,但它只是解决了系统损耗受限的难题,而对于色散受限,掺铒光纤放大器是无能为力的。色散受限还需要靠光源的色散容限值(DL)来解决,这就对光源的光谱性能提出了极高的要求。未来的全光再生器则不然,它不需要光—电—光的处理就可以对光信号直接进行再定时、再整形和再放大,而且与系统的工作波长、比特率、协议等无关。由于它具有光放大功能,因此解决了损耗受限的难题。又因为它可以对光脉冲波形直接进行再整形,所以也解决了色散受限方面的难题。

5.3.2 技术优势

1. 超大容量传输

由于 WDM 系统的复用光通路速率可以为 2.5Gb/s、10Gb/s 等,而复用光通路的数量可以是 4、8、16、32,甚至更多,因此系统的传输容量可以达到 300~400Gb/s,甚至更大。

2. 节约光纤资源

对于单波长系统而言,1 个 SDH(同步数据序列)系统就需要一对光纤,而对于 WDM 系统来讲,不管有多少个 SDH 分系统,整个复用系统只需要一对光纤。例如,对于 16 个 2.5Gb/s 系统来说,单波长系统需要 32 根光纤,而 WDM 系统仅需要两根光纤。

3. 透明传输,可平滑升级、扩容

只要增加复用信道数量和设备就可以增加系统的传输容量以实现扩容,WDM 系统的各复用信道是彼此相互独立的,所以各信道可以分别透明地传送不同的业务信号,如语音、数据和图像等,彼此互不干扰,这给使用者带来了极大的便利。

4. 提高系统可靠性

由于 WDM 系统大多数是光电器件,相对电子器件而言光电器件的可靠性很高,因此系统的可靠性也可以保证。WDM 光传送网通过光交叉连接和光分插复用技术可以实现光波长信道的动态重构。即根据传送网中流量的变化和需要,动态地调整光路层中的波长资源和光纤路径资源分配,使网络资源得到最有效的利用。同时在发生器件失效、线路中断及节点故障时,可以通过波长信道的重新配置或保护切换,为发生故障的信道重新寻找路由,使网络迅速实现自愈或恢复,保证上层传输不受影响。因此,WDM 光传送网能够直接在光路层上提供很强的生存能力。

5. 全光传输网络

全光网络是未来光纤传送网的发展方向。在全光网络中,各种业务的上下、交叉连接等都是在光路上通过对光信号进行调度来实现的,从而消除了光电转换效率低的瓶颈。WDM 系统可以和 OADM、OXC 混合使用,以组成具有高度灵活性、高可靠性、高生存性的全光网络。结合光计算机和光存储技术的发展,以适应带宽传送网的发展需要。

5.3.3 军用展望

WDM 技术的国内外研究和开发不仅活跃,而且进展也十分迅速,就现有 WDM 系统传输容量的试验水平来看,80Gb/s(总容量为 6.4Tb/s)WDM 系统已经成功,朗讯公司采用 80nm 谱宽的光放大器创造了波长数高达 1022 的世界纪录。

在美国海军航空部门和 SAE 组织支持下,佛罗里达大学和其他研究机构开展了大量研究工作。图 5-11 所示为其构建一个航电网络设想,基于 OXC 的 WDM 光纤链路交叉互连组成核心网络,系统部件和模块通过 OADM 插入光纤环路并接入核心网络。

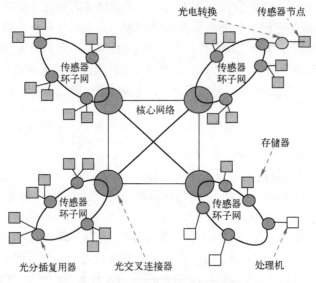

图 5-11　美国海航航电网络设想

随着系统综合程度的提高,航空电子系统传输带宽迅速增大,WDM 网络巨大的传输容量对这种需求给予了强劲的支撑。在航电系统中射频和光电前端的信号需求也在迅速增加,而 FC、AFDX 等 LAN 技术只能支持数字信息传输,不能很好地支持模拟信号传输。WDM 网络对各种传输信号的适应性给出了解决方案。WDM 网络的轻质、抗电磁干扰以及可重构和容错能力是航空应用所需要的特性。随着光计算机和光存储技术的发展,未来可期待全光信息传输和处理的新型网络。

5.4　超宽带无线技术

5.4.1　基本原理

超宽带(ultra-wideband,UWB)无线传输技术是国际上正在蓬勃兴起的一种无线通信的革命性传输技术。UWB 的定义最早是由美国联邦通信委员会(FCC)给出的,规定 -10dB 相对带宽超过 20% 或 -10dB 绝对带宽超过 500MHz 就称为超宽带。后来又定义成比中心频率高 25% 或者是大于 1.5GHz 的带宽。例如,对于一个中心频率在 4GHz 的信号将跨越从 3.5GHz(或更低)至 4.5GHz(或更高)的范围才能称得上是一个 UWB 信号。UWB 无线系统的关键技术主要包括:产生脉冲信号串(发送源)的方法,脉冲串的调制方法,适用于 UWB 有效的天线设计方法及接收机的设计方法等。

超宽带是一种利用小于纳秒级的非正弦窄脉冲波形进行传输的无载波通信技术。使用短时能量脉冲序列,通过直扩或跳时调制等方式可将信号能量扩展到一个极宽的频带。UWB 系统结构比较简单,采用宽带发射器,直接用脉冲波形激励天线,接收端无须中频处理,图 5-12 展示出无线通信系统的基本组成。

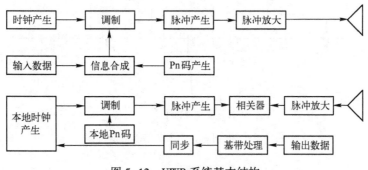

图 5-12 UWB 系统基本结构

1. 信号的产生

从本质上讲,产生极短脉冲宽度(ns 级)的信号源是研究 UWB 技术的前提条件,例如单个无载波窄脉冲信号,有两个突出的特点:一是激励信号的波形为具有陡峭前沿的单个短脉冲;二是激励信号包括很宽的频谱,从直流(DC)到微波波段。目前,产生脉冲源的方法有两类。

光电方法:基本原理是利用光导开关导通瞬间的陡峭上升沿获得脉冲信号。由于作为激发源的激光脉冲信号可以有很陡的前沿,因此得到的脉冲宽度可达到 ps(10~12)量级。另外,由于光导开关是采用集成方法制成的,可以获得很好的一致性,因此是最有发展前景的一种方法。

电子方法:基本原理是对半导体 PN 结反向加电,使其达到雪崩状态,并在导通的瞬间,取陡峭的上升沿作为脉冲信号。这种方案目前应用得最广泛,缺点是由于采用电脉冲信号作为触发,其前沿较宽,触发精度受到限制,特别是在要求精确控制脉冲发生时间的场合,达不到控制的精度。另外,由于受晶体管耐压特性的限制,这种方法一般只能产生几十伏到上百伏的脉冲。当然,脉冲宽度还可以达 1ns 以下。

2. 信息的调制

脉冲位置调制(PPM)和脉冲幅度调制(PAM)是无线超宽带的两种主要调制方式。PPM 又称时间调制(TM),是用每个脉冲出现的位置超前或落后于某一标准或特定的时刻来表示某个特定信息的,因此对调制信号需要在接收端用匹配滤波的技术来正确接收,即对调制信息用交叉相关器在达到零相差的时间进行检测,否则,达不到正确接收的目的。而 PAM 是用信息控制脉冲幅度的一种调制方式。

在 UWB 系统中,采用跳时脉冲位置调制(TMPAM)对长脉冲序列进行调制时,每一用户的下一块信息将在时间上随机分布,可在频域内得到更为平坦的 RF 信号功率分布,这使得 UWB 信号在频域中类似于背景噪声。UWB 系统中一种典型的由伪随机序列控制的跳时信号如图 5-13 所示。

发射机在由伪随机序列确定的时间帧上发送一个单周期脉冲,通常单周期脉冲信号的 100 倍为随机出现的脉冲持续时间,其位置由 PN 码来确定。伪随机序列控制的跳时扩频与一般的扩频波形(直接序列扩频或跳频扩频)不同,UWB 波形的扩频带宽是直接产生的,即单个比特未经扩频序列由 PN 码调制,本质上是时域的概念。

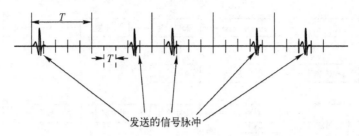

图 5-13 序列 0,3,1,3,2 的跳时脉冲串

3. 天线

能够有效辐射时域短脉冲的天线是 UWB 研究的另一个重要方面。作为 UWB 天线，应该保证能够达到这样的要求。

天线的输入阻抗具有超宽带特性，即要求天线的输入阻抗在脉冲能量分布的主要频带上保持一致，以保证信号能量能够有效地辐射出去和不引起脉冲特性的改变或下降。天线的相位中心具有超宽频带不变特性，即要求天线的相位中心在脉冲能量分布的主要频带上保持一致。

对于时域短脉冲辐射技术，国内外早期均采用双锥天线及其演变的 V 锥天线和扇形偶极子天线。因这几种天线均存在着馈电难、辐射效率低、收发耦合强和无法测量时域目标特性等缺陷，只能用于单收发。随着微波集成电路的发展，利用集成电路方式进行馈电，所研制出的超宽带平面槽天线，能够产生对称波束并利用平衡超宽带馈电，因而具有超宽带的特性。又由于利用光刻技术所做的天线对较高频率没有限制，因而可以将毫米亚毫米波段应用于集成接收机。

4. 收发机

与传统的无线收发机的结构相比，UWB 收发机的结构相对简单，但可以得到相同的性能。例如，传统的无线收发机大多采用超外差式结构，而 UWB 收发机采用零差结构就可得到相同的性能，实现起来也十分简单，无须本振、功放、压控振荡器（VCO）、锁相环（PLL）、混频器等环节，如图 5-14 所示。

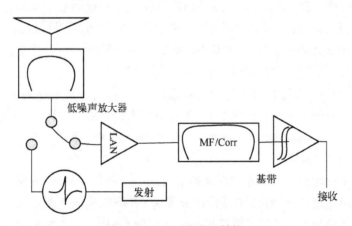

图 5-14 UWB 收发机结构

这里 UWB 系统的一大优点是,使用了现代数字无线技术及数字信号处理芯片(DSP),软件控制产生不同的调制方式,因此可以逐步降低信息速率,在更大的范围内连接用户。在接收端,天线收集的信号能量经过放大后,通过匹配滤波或相关的接收机进行处理,再经高增益门限电路恢复原来的信息。当距离增加时,可以由发射端用几个脉冲发送同一信息比特的方式,增加接收机的信噪比,同时可以通过软件的控制,动态地调整数据速率、功耗与距离的关系,使 UWB 有极大的灵活性,这种灵活性正是功率受限未来移动计算所必需的。

5.4.2 技术优势

1. 发射功率低

无线电波空间传播的"开放性"是无线电通信较之有线通信的固有不足。超宽带无线电的射频带宽可以达到 1GHz 以上,发射信号的功率几乎均匀地分布在很宽的频带范围内,其功率谱密度也就很低,近似于高斯白噪声功率谱的分布。这种具有极低的发射功率的信号,由于波形持续时间极短,更易于实现多用户通信中的分组突发传输。

2. 隐蔽性好

超宽带脉冲极窄,因此系统的传输带宽很宽,其所需的平均功率很小。从理论上说,相对于其他通信系统,UWB 信号所产生的干扰仅相当于宽带白噪声。能带来两方面的好处:一是可使 UWB 系统与同频段的现有窄带通信系统保持良好的共存性,能很好地提高无线频谱资源的利用率;二是使得 UWB 信号隐蔽在环境噪声和其他信号中,难以被现场检测,保密性高,非常适合军事隐蔽通信。

3. 处理增益高

超宽带无线处理增益主要取决于脉冲的占空比和发送每个比特所用脉冲数,可以做到比目前实际频谱系统高得多的处理增益。

4. 传输速率高

长期以来,大量的人力、物力花费在提高信道容量上,但常规无线电的传输速率仍然不能令人满意。从信号传播的角度考虑,超宽带无线电由于多径影响的消除而使之可达到较高传输速率。

5. 系统容量大

所谓空间容量是指单位面积内的传输速率。超宽带无线发送占空比极低的冲击脉冲,采用跳时(TH)地址码调制,便于组成类似 DS-CDMA 系统的无线网络。由于超宽带无线通信系统具有很高的处理增益,未来可期待全光信息传输和处理的新型网络,因此超宽带无线通信系统的系统容量远远大于其他短距离无线通信系统如 IEEE802.11a、IEEE802.11b、蓝牙系统的带宽。

6. 共存干扰大

到目前为止,UWB 使用非常宽的带宽来收发无线电信号,但是实际上并不存在如此宽的空闲频带,总要有部分频带与现有无线系统,如航空、军事、安全、天文等领域的无线系统使用的频带相重叠,甚至会对 GPS 等其他窄带无线通信形成干扰。如果 UWB 信号低于传统超外差式接收机的接收阈值的话,那么传统发射机发射的窄带信号必然大于 UWB 接收机的阈值,因此,UWB 系统极其容易受到传统窄带无线通信系统的干扰。

5.4.3 军用展望

传统的航空电子系统连接使用的介质是电缆,UWB 进入航空电子实现无线互联将带来革命性的变化。首先大幅度地减少了传输线、连接器和交换设备,减轻了飞机重量及布线工作量;其次消除了常发的电缆和连接器的接头故障隐患,提高了系统可靠性。同时方便于维护使用中的故障检测、定位和排除,也有利于飞机的加改装以及系统的升级改造。

世界许多国家开展了 UMW 在飞机上的应用研究,美国军方与 MSSI 公司的 AWICS (aircraft wireless intercommunication system) 系统,引入了无线机舱的概念,能提供 8 位机组人员 64kb/s 的同时通话能力。基本组成如图 5-15 所示。UWB 技术还应用于机载雷达、预警机和舰船的内通系统、战术手持网络电台、警戒雷达、数据链以及军事探测等领域。当然 UWB 作为一种新兴技术还存在犹如干扰等诸多问题有待进一步完善,期待更多的科学家和工程技术人员的不懈努力,尽快走入实用阶段,为全球军事装备进步带来福音。

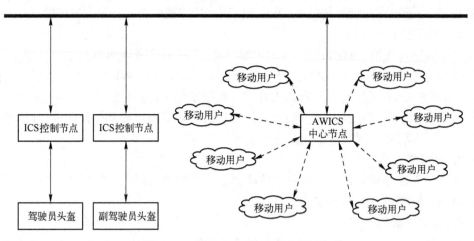

图 5-15 基于 UWB 的 AWICS 系统

附　　录

附录1　实验室及网络教学资源简介

一、机载总线技术实验室

本实验室是支持航空装备发展的新型实验室，所属学科为航空电子工程，针对航空电子综合化的关键技术-机载数字联网、进行半物理仿真的教学和研究。要求学生在掌握现代机载总线协议及工作原理的基础上，加深对数据传输过程、总体控制机制和总线应用方法的感性认识，通过实验使学生在实际操作能力、分析判断能力等方面得到锻炼。

1. 实验室功能

面向全院本科、研究生、任职教育三个层次多个专业，承担机载总线技术系列课程的实验教学任务(包含机载总线技术、机载网络与总线、综合航电系统结构、综合航电导论、机载计算机系统、总线综合设计6门课程)，以及毕业设计任务。

实验室功能覆盖了国内外所有先进飞机总线通信实验，支持三个系列总线标准(美军标、国军标、俄军标)，涵盖九大类总线协议(1553B、429、18977、825、422/485、AFDX、LTPB、FC、TTE)，跨越二代先进飞机(国产XX，俄制Cy-27/30/35，美制F-16/22/35，民航B-757/787、A-320/380、C919/929)。

实验室由操作区和管控区两部分组成，拥有38个实验席位，占地120m²。

2. 建设过程

实验室历经30年努力，经过四期建设，从小到大逐渐完善。一期工程(1998—2011年)建设三代飞机总线实验系统；二期工程(2014—2016年)建设大型机和无人机总线实验系统；三期工程(2019—2020年)建设四代机总线实验系统并研制承担大型实验的综合控制节点；四期工程(2020—2021年)建设总线应用实验系统包括故障模拟与诊断、武器控制与分析两个系统同时配套建成虚总线实验系统、总线机理演示实验系统，构建起基本的三位一体实验体系(机载真实、仿真虚拟和机理演示三个实验层次)。关键技术(总线接口板和实验软件)自行研发并通过了权威机构的测试认证，节省了50%以上经费，且具有自我维修和升级能力。

3. 实验项目

1) 三代飞机总线实验

1553B/GJB-289A/ГOCT52070总线，429/HB-6096/ГOCT18977总线。

2) 四代飞机总线实验

LTPB、FC总线。

3) 大型飞机总线实验

AFDX总线。

4) 无人机总线实验

422、485、CAN 总线。

5) 未来战机总线实验

TTE 总线。

6) 故障模拟实验

故障注入与模拟、总线检查仪操作。

7) 总线应用实验

系统发射控制模拟、炸弹投放模拟

8) 总线综合设计实验

总线接口电路、实时通信软件、多总线数据融合、仿真验证软件设计。

二、网络教学资源

总线网络课程和总线实验室网站已建成，可从空军工程大学校园网上的"机载总线网络课程"或"机载总线虚拟实验室"进入，内容包括理论学习资源（课程教学标准、学习要点提示、总线机理演示、课堂视频点播、微课程视频点播、课件下载总线出口下载）、实验教学资源（实验室介绍、网络在线实验、实验指导书、实验报告模板、课程设计指导、课程设计报告模板）、自学资源（复习考核要求、章节分类练习、综合测试题目、学习资料下载、在线自测试、在线答疑）等。

附录 2　总线实验指导书

本实验指导书旨在辅助"机载总线技术"课程教学，是为了提高学员的工程实践和创新能力，加深对机载总线技术系统知识的理解，编写的配套实验指导书。本书包含 16 个实验项目。伴随总线实验室的不断建设，本次指导书的修订新增了大型飞机 AFDX 总线、四代战机 FC、无人机 422/485 总线、运载战车 CAN 总线以及总线检查仪的使用和总线机理演示实验项目，升级了 1553B 实总线内容。

序　号	实　验　名　称	实验类型	实验类别	实验学时
实验一	1553B 实总线传输控制	必　修	验证性	2
实验二	1553B 虚总线传输控制	选　修	仿真性	1
实验三	ARINC429/ГOCT18977 实总线传输控制	必　修	验证性	2
实验四	ARINC429/ГOCT18977 虚总线传输控制	选　修	仿真性	1
实验五	AFDX 实总线传输控制	必　修	验证性	1
实验六	AFDX 虚总线传输控制	选　修	仿真性	1
实验七	FC 实总线传输控制	必　修	验证性	1
实验八	FC 虚总线传输控制	选　修	仿真性	1
实验九	LTPB 虚总线传输控制	选　修	仿真性	1
实验十	RS-422/485 实总线传输控制	选　修	验证性	1
实验十一	RS-422/485 虚总线传输控制	选　修	仿真性	1
实验十二	CAN 实总线传输控制	选　修	验证性	1
实验十三	CAN 虚总线传输控制	选　修	仿真性	1
实验十四	武器控制模拟与分析	选　修	演示性	2
实验十五	总线检查仪使用操作	必　修	综合性	2
实验十六	总线机理演示（在线）实验	选　修	演示性	2

实验一 1553B 实总线传输控制

实验类别:验证性实验　　　　　　　　　　　　　　　　　　实验类型:必修
教材内容:1553B 总线协议

一、实验目的
1. 深刻理解集权型总线控制机理。
2. 熟悉 1553B 实总线数据通信控制过程。
3. 认识机载总线信号波形会测量物理参数。

二、实验设备
1. 1553B 实总线实验台(台式计算机、1553B 总线接口板 AEB1P-M、1553B 实总线实验软件)。
2. 示波器。

三、实验内容
1. 总线同步数据通信(单报文 BC→RT,RT→BC,RT→RT)。
2. 总线信号波形观察及参数测量。

四、连线拓扑
实验室按照单余度布线,为便于组织,每 3 个节点分为一组,各组独立。也可以将所有节点连接成一体,做整体实验,见图 1 中虚线所示。

图 1　1553B 总线布线

五、实验步骤
1. 进入系统

实验室每三个席位为一组,组内成员确定 BC 和 RT 分配,在各自实验终端上运行"1553B 实总线实验程序",进入实验系统。

2. 设置系统

在系统界面上,根据上一步的分配,选择各自程序运行的通道,并设置相关参数。
设置步骤:

2.1　工作模式确定:根据实验需要,选择 BC 或 RT(一个主机只能对一种端口进行选择)。

2.2　总线通道选择:BC 控制通道选择"总线 A"、RT 选择"远程终端通道 1-RT"。

2.3　BC 端设置:根据需要设置总线的"总线周期"(默认为 1000μs)。

2.4　RT 端设置:"RT 地址"中需要填写相应的 RT 地址,填写十进制数据 0,1,2,…,30。注意:两台作为 RT 使用的计算机,其"RT 地址"不能设置成相同的值。

3. 组织通信

按 BC→RT,RT→BC,RT→RT 形式,在 BC 端组织命令报文,根据实验任务在 BC 或 RT 端组织数据。

3.1 BC 端操作

① 数据的组织

在窗口左侧部分有周期消息控制与非周期消息控制两种消息类型,根据需要,单击工具栏中的"添加消息"按钮,弹出"总线消息配置窗口"的对话框,实现对数据的定义。

消息可定义的参数包括:"消息类型""消息名称""命令字参数""消息缓存区数据"等参数。定义过程如下:

"消息类型"中利用下拉菜单选择"BC→RT""RT→BC""RT→RT"和"方式码"等类型。

"消息名称"中填写所要定义消息的名称,最好按照规范的格式填写。

命令字填写。如果是 RT→RT 命令,则命令字 1 中填写接收 RT 的命令字,命令字 2 中填写发送 RT 的命令字,依次填写"RT 名""子地址 SA"和"字个数 WC"。

"消息缓存区数据"中数据填写,可以重新编辑缓冲区中的数据进行自定义数据,也可以点击右侧"累加""全部置位""任意值"等进行数据的定义。设置的 WC 表示数据缓存区中对应数据的个数。

选择步进值后,通过设置"累加值",使相邻消息数据字 1 按步进值进行累加。

定义消息完成后,单击对话框下方的"确定"。

② 消息的发送

单击主界面"启动 BC"按钮实现周期消息与非周期消息的发送,BC 接收结果信息将显示在右侧信息显示窗口。

3.2 RT 端操作

① 数据的组织

若 BC 命令字设置的"消息类型"为 RT→RT,需要在数据发送端 RT 节点程序的左侧工具栏中进行数据的组织。组织过程如下:

首先根据 BC 端命令字的定义填写"SA 地址",然后根据要求的字个数,对缓冲区的数据进行编辑,准备数据。

② 消息的发送

在右侧"RT 地址选择"中选择与 BC 端命令字对应的 RT 地址,单击"启动"。

4. 观察测量

参照 3.1 节操作,利用 BC 将需要发送的周期消息命令及相对应的数据实现总线上的传输,在程序信息显示框表中可以观察到传输消息的详细内容。

使用示波器探头,连接监测线,按下示波器"信号截取"按钮,观察数据传送波形,记录峰-峰值、位间隔、波特率并进行数据分析。

六、实验报告要求

1. 写出通信过程中控制命令组织过程及操作步骤。
2. 根据实验时的具体情况,写出发送和接收数据的情况。
3. 根据实验结果分析整个 1553B 总线数据通信的过程。

实验二 1553B 虚总线传输控制

实验类别:仿真性实验　　　　　　　　　　　　　　　　实验类型:选修
教材内容:1553B 总线协议

一、实验目的
加深理解 1553B 机载总线数据通信控制全过程。

二、实验设备
1553B 虚总线实验台(台式计算机、局域网络、1553B 虚总线实验软件)。

三、实验内容
1. 批量数据同步通信(多报文 BC→RT,RT→BC,RT→RT)。
2. 广播通信(BC 广播,RT 广播)。

四、连线拓扑
实验室用局域网将各节点连接成一体,如图 2 所示。

图 2　虚总线布线

五、实验步骤

1. 进入系统

在各自实验终端上运行软件,进入实验系统。

2. 设置系统

在系统主界面中,选择虚总线,确定 BC 和 RT 仿真设备,单击左侧工具栏中的"网络设置",单击"检测网卡"图标,进行网卡连通状态测试。

3. 组织通信

在 BC 端组织命令报文,在 BC 或 RT 端组织数据。

3.1 消息定义

消息名称:命名格式最好采用如下形式:

BC- RTxx SAxx WC xx	：BC→ RT
RT xx SAxx - RTxx SAxx WC xx	：RT→RT
RTxx SAxx WC xx - BC	：RT→BC
BC Broadcast WCxx	：BC 广播
RTxx SAxx Broadcast WCxx	：RT 广播

消息格式:BC→RT,BC 广播,RT→BC,RT 广播,RT→RT
命令字 1 或 2:RT 名 (1~30), 子地址 (1~31), 字个数 (1~32);
消息缓存区数据:缓存区名,及数据定义(名称、单位、格式、数据),BC 的缓存仅在 BC→RT 和 BC 广播两种消息结构才有意义,所以也只有在此时才能正确编辑缓存区数据,缓存区数据的大小由命令字 1 中字个数确定,注意缓冲区大小与命令字 1 中字个数的关系。

操作：对 BC 消息可以添加、删除、修改，对缓存区可添加、修改、删除。

3.2 消息选择

功能：左边是已经定义的 BC 消息命令字，从中可以选出需要发送的命令字进行仿真。

操作：包括消息控制（选入、删除、重选、选定），另外，还可以将选好的消息列表保存到 txt 文件，也可以从 txt 文件重导出消息列表。

频率设定是指 1553B 总线 BC 端发送消息的时钟频率。

3.3 进行通信

按 BC 端的工具栏的开始按钮或"消息控制"中"消息控制"的开始菜单开始实验。

按 BC 端的工具栏的停止按钮或"消息控制"中"消息控制"的停止菜单停止实验。

4. 观察分析

进入消息动态监视窗口，对消息进行分类显示，包括名称、单位、类型、数据，对每个数据进行上下限控制，对错误信息提出报警，观察两端数据变化进行比较分析。

5. 注意

所有的仿真操作都从 BC 端发送命令开始，RT 端不能主动发送命令，但是需要准备好数据；

BC 端和 RT 端可以定义各自的总线频率，一般定义成一样的频率；

对于同一命令字，BC 端命令字名称应该与 RT 端命令字名称保持一致。

六、实验报告要求

1. 写出 BC 端定义的命令消息格式及主要实验步骤。
2. 根据实际实验情况，写出发送和接收的数据。
3. 根据总线原理及实验结果分析整个 1553B 总线数据通信的过程。

实验三　ARINC429/ГOCT18977 实总线传输控制

实验类别：验证性实验　　　　　　　　　　　　　　实验类型：必修

教材内容：ARINC429 总线协议

一、实验目的

1. 深入理解 ARINC429/ГOCT18977 实总线数据通信控制方式。
2. 认识机载数据总线数据字格式和信号传输实际波形。

二、实验设备

1. ARINC429/ГOCT18977 实总线实验台（台式计算机、ARINC429/ГOCT18977 总线接口板 AEB4P-8/16、ARINC429/ГOCT18977 实总线实验软件）。
2. 示波器。

三、实验内容

1. ARINC429/ГOCT18977 组内数据通信（点对点）。
2. ARINC429/ГOCT18977 全局数据通信和全局数据转发（点对点，广播）。

3. 总线控制权管理。
4. 总线信号波形观察及电气参数测量。

四、连线拓扑

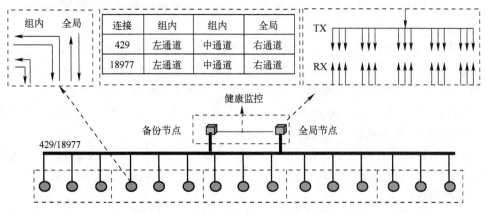

图3 ARINC429/ГOCT18977 总线连接示意

实验室共有全局节点1组（主控、备份节点各1个），局部节点5组（从RT01开始，每3台实验终端为一组，如RT01~RT03、RT04~RT06，依此类推）。

全局主控节点的T00发送通道为全局发送通道，全局备份节点的T01发送通道为全局发送通道，消息以广播的形式发送至所有局部节点，全局节点的接收通道R01~R15依次与节点RT01~RT15相对应。ARINC429/ГOCT18977 总线连接示意如图3所示。

局部节点的T00、T01发送通道为组内发送通道，T02发送通道为发送至全局节点的专用通道，详细连接如图4所示。

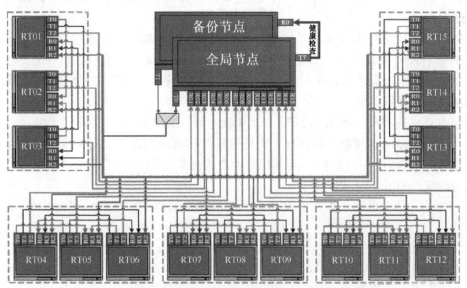

说明：1. T1表示发送通道1，R2表示接收通道2，RT03表示03号节点；
2. → 表示物理连接和数据流向，虚线框区分局部总线的分组；
3. 全局节点的R1-R15分别接收局部节点RT01-RT15的T2通道；
4. 全局节点的T0(T1)发送到各局部节点RT01-RT15的R2通道。

图4 ARINC429/ГOCT18977 总线布线

五、实验步骤

1. 进入系统

在主控机上单击"ARINC429/ГOCT18977总线主控程序"、在各自实验节点上单击"ARINC429/ГOCT18977实总线实验程序",进入系统,所有节点需选择同一种总线。

2. 设置系统

选择菜单项"板卡控制"—"板卡初始化",若系统没有找到接口卡,"板卡号"列表框列表为空,并弹出"没有接口卡"的对话框。若找到接口卡,选择板卡号(系统默认为0),打开板卡,若成功,板卡状态变"打开",指示灯变为"红色"。

全局节点打开板卡后,测试盒指示灯将持续"闪亮",表明具有系统全局控制权。系统默认全局主控节点具有全局控制权。

在"通道初始化"选项内选择发送通道数,然后"确定"。在"通道参数设置"选项中设置接收通道的"波特率""SDI过滤""Label过滤",单击"确定",完成系统设置。

3. 组织数据

3.1 定义消息。单击菜单项中的"发送数据"—"定义消息"或直接单击工具栏上的"定义消息",打开"定义消息"对话框。在正确填写了消息的各项参数后,单击"添加消息"按钮,定义消息成功。

3.2 选择消息。单击菜单项中的"发送数据"—"选择消息"或直接单击工具栏上的"选择消息"可打开"选择消息"对话框,"消息列表框"列出了定义好的消息,选择一条消息后单击"选择消息"按钮或按下"S"键可将所选的消息添加到待发消息列表框中。

3.3 发送消息。单击菜单项中的"发送数据"—"发送"或直接单击工具栏上的"发送",打开"发送控制"对话框,设置发送次数或循环发送,单击"开始发送",完成消息发送。

3.4 接收数据。单击菜单项中的"接收数据"—"接收"或直接单击工具栏上的"接收",打开"接收控制"对话框,可观察接收到的信号。"接收控制"对话框的各通道指示灯显示相应通道的状态信息,并依据标准参数库对消息进行解码,最后显示在相应的接收通道框口中。

单击菜单项中的"接收数据"—"接收过滤"或直接单击工具栏上的"接收过滤",打开"Label过滤器"对话框,选择需过滤接收的通道号,选中要接收的信息标号(最多只能同时接收16个),可实现对消息的过滤接收。"消息回放"可回放接收到的信号的波形和消息内容。

4. 组内通信。局部节点在定义消息时选择发送通道T00或T01可定义组内消息,按步骤3.1~3.4完成组内通信。

5. 全局通信。全局节点通过T00发送通道发送的消息将以广播的形式发送给所有局部节点。各局部节点通过T02号发送通道发送的消息将发送至全局节点。按步骤3.1~3.4完成全局通信。

6. 全局转发。局部节点若与非本组内的局部节点之间通信,可通过全局节点的"转发消息"功能实现。发送消息时,局部节点按步骤5将消息先发送至全局节点。全局节点在"转发消息"对话框内选择"消息转发类型","自动转发"将自动转发所有被选中标号的消息;"手动转发"需在"收到的消息"列表框中选择需转发的消息,单击"转发",实现转发功能。

说明:转发过程是借助全局节点的T00或T01通道广播发送的,实现点到点的通信需要接收节点设置 Label 过滤。

7. 控制权管理。当全局主控节点出现故障时自动切换控制权到备份节点,实验中可以单击工具栏的"控制权管理",选择"放弃全局控制权",模拟故障强置全局主控节点放弃全局控制权。备份节点取得控制权后,备份节点测试盒上的指示灯将持续"闪亮"。当主全局节点故障排除后自动切换控制权回到全局主控节点,也可选择"接管全局控制权"实现控制权的强行切换。

8. 观察分析

观察发送节点和接收节点的数据,进行比较分析:使用示波器探头,连接测试孔,调整示波器至出现信号,观察数据传送的波形,记录峰-峰值、位间隔、波特率并进行数据分析。

六、实验报告要求

1. 根据实验情况写出自己的实验过程。
2. 根据实验结果分析两种总线数据传输过程中的异同点。
3. 分析总线数据信号波形参数。

实验四　ARINC429/ГOCT18977 虚总线传输控制

实验类别:仿真性实验　　　　　　　　　　　　　　实验类型:选修

教材内容:ARINC429 总线协议

一、实验目的

1. 深入理解 ARINC429/ГOCT18977 总线数据字格式及数据传输过程。
2. 通过挂接仿真设备体会总线参数的物理含义。

二、实验设备

ARINC429/ГOCT18977 虚总线实验台(台式计算机、局域网络、ARINC429/ГOCT18977 虚总线实验软件)。

三、实验内容

1. ARINC429 总线数据通信(批量数据 BNR、BCD)。
2. ГOCT18977 总线数据通信(批量数据 BNR、BCD)。
3. 总线仿真部件数据驱动。

四、连线拓扑

实验室用局域网将各节点连接成一体,如图 5 所示。

图 5　虚总线布线

五、实验步骤

1. 进入系统

在各自实验节点单击"ARINC429/ГОСТ18977虚总线实验程序"。

2. 初始化系统

系统会自动进行配置,若自动配置失败,则在"输入主机名称"对话框中手动输入参与本组实验的所有主机的名称(包括本机),注意同一组实验的输入要一致。若成功,则直接在仿真终端的"总线初始化"界面中,选择所属实验组号(同一组要选择相同的实验组号),设置本机RT终端号。单击"开始实验"启动总线选择对话框,选择总线(同一组要选择相同总线)。

3. 数据通信

3.1 发送端操作

① 定义消息

打开"定义消息"对话框,输入消息数据,定义要发送的数据字,注意消息定义的正确性。

② 选择消息

打开"选择消息"对话框,选择"消息列表"消息,将其添加到"待发消息"列表框中。

③ 发送消息

打开"发送"对话框,选择接收RT,设置发送速率和循环次数,单击"开始发送",利用虚拟示波器观察发送消息的编码和波形图。

3.2 接收端操作

① 消息过滤

接收消息前可以打开"消息过滤"对话框,启动消息过滤功能,定义要接收的消息标号。消息过滤启动后只接收"消息过滤"对话框中所选择的标号的消息,若停止消息过滤,则接收所有消息。若"消息过滤"对话框中标号的选择也无效,则此步骤可省略。

② 接收消息

打开"接收消息"对话框,观察接收到的消息编码、波形及消息内容。在此过程中也可启动或关闭"消息过滤"功能。

③ 消息回放

打开"消息回放"对话框,单击选择一条消息可在虚拟示波器中显示消息波形,单击"显示接收过程"按钮虚拟示波器可逐一显示每条消息的波形及接收过程。观察接收数据及其编码、波形,并详细分析数据的波形和32位编码。如果发送的消息和接收的消息在数值上有差异,分析数据差异产生的原因。

4. 仿真设备数据驱动

从系统"仿真部件"菜单中,选择仿真设备,打开相应的仿真部件对话框,设置参数,观察仿真结果,图形化展示数据传输效果。

按以上步骤分别进行ARINC429和ГОСТ18977两种总线的数据传输实验。

六、实验报告要求

1. 根据实验情况写出自己的实验过程。
2. 用接收到的实例列出消息内容、编码，分析消息编码形成的过程。

实验五　AFDX 实总线传输控制

实验类别：验证性实验　　　　　　　　　　　　　　　　　实验类型：必修

教材内容：AFDX 总线协议

一、实验目的

1. 深入理解 AFDX 总线数据通信控制过程。
2. 了解 AFDX 总线数据通信监控分析手段。
3. 认识机总线数据格式和信号传输实际波形。

二、实验设备

AFDX 实总线实验台（台式计算机、AFDX 总线接口板 AEB3P-A、AFDX 实总线实验软件），数字高频示波器及测量夹具。

三、实验内容

1. AFDX 点对点数据通信。
2. AFDX 广播数据通信。
3. AFDX 通信过程监控。
4. 总线信号波形观察及电气参数测量。

四、系统结构

AFDX 按照双余度布线，由 2 台总线交换机连接各个节点，2 个全局节点用于通信数据监控 BCM（此时一个通道用于通信监控），如图 6 所示。

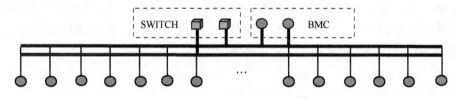

图 6　AFDX 总线布线

五、实验步骤

1. 进入系统

在全局节点上单击"AFDX 总线主控程序"，在各实验节点上单击"AFDX 实总线实验软件"进入实验系统，此时所有节点默认连接到主交换机上。

2. 设置系统

选择菜单项"板卡控制"—"板卡初始化"，启动板卡，若成功，板卡状态呈现"打开成功！"，指示灯变为"绿色"，并且出现参数设置区域。

3. 参数设置

参数设置共分为分区、端口、链路、端系统配置，最终生成并加载端系统配置表。

3.1　分区配置。分区配置表各参数采用默认设置，单击"配置"按钮完成配置。

3.2　端口配置。包含发送端口和接收端口配置，通过端口类型选择按钮进行选择。

在参数设置过程中接收端口配置ID唯一,参数设置完成后单击"添加"按钮可显示在端口配置信息表中,对此表可进行删除和清空操作,最后单击"配置"按钮完成端口配置。

3.3 链路配置。包含发送虚链路和接收虚链路配置。分别对发送虚链路和接收虚链路进行设置,其中,参数VLId必须与端口配置中的VLId一一对应,单击"添加"按钮,显示在配置表中,可进行清空和删除操作,参数设置完成后单击"配置"按钮完成链路配置。

3.4 端系统配置。主要对网络速率以及接收端口、链路数目进行设置,其中,接收端口以及链路数目必须与前面端口与链路配置中保持一致,设置完成后单击"加载配置"按钮,如果加载成功,则单击"确定"按钮,参数配置完成;若不成功,需要对参数设置进行详细检查,确保设置正确。

注意:因为设置过程中参数过多且不易理解,在每个参数控件上添加了提示,当鼠标停留在相应参数上时显示提示窗口。

4. 通信控制

4.1 发送数据

① 选择发送端口

单击菜单项中的"发送数据"—"发送选择"或直接单击工具栏上的"发送选择",打开"发送端口选择"对话框,在发送端口列表中选中需要发送数据的端口信息,单击"选择"按钮,端口信息添加到待发端口列表中,然后单击"确定"完成发送端口的选择。

② 消息定义及发送

单击菜单项中的"发送数据"—"数据发送"或直接单击工具栏中的"发送",打开"消息发送"对话框,首先进行消息定义,完成之后单击"确定"添加到"消息发送列表"中。发送控制框中,若选中"循环发送",则单击"开始发送"按钮后,发送列表中的消息循环发送,此时红绿指示灯交替闪烁;若不选中"循环发送",则默认单条消息发送,此时需要选中消息列表框中的消息。

4.2 接收数据。

① 选择接收端口

单击菜单项中的"接收数据"—"接收选择"或直接单击工具栏上的"接收选择",打开"接收端口选择"对话框,在接收端口列表中选中需要接收数据的端口信息,单击"选择"按钮,端口信息添加到待收端口列表中,然后单击"确定"完成接收端口的选择。

② 消息接收

单击菜单项中的"接收数据"—"数据接收"或直接单击工具栏中的"接收",打开"消息接收"对话框,若接收指示灯红绿交替闪烁,则说明接收端口正在接收数据;若为红色,则没有接收数据。

5. 通信监控:单击菜单栏中的"系统控制"—"Wireshark抓包"或直接单击工具栏中的"Wireshark"启动抓包软件,单击软件菜单栏中的"抓包"—"网络接口",出现"抓包接口"对话框,查看抓包软件的数据监视栏,对比分析通信控制内容、传输数据,以及发送顺序的正确性。

注意:硬件通道仅在两个监控节点(也称全局节点)连通了监控功能,数据监控只能在这两个监控节点上实现。

6. 观察分析

观察发送节点和接收节点的数据,进行比较分析:使用示波器探头,通过专用夹具连接测试线,调整示波器至出现信号,观察数据传送的波形、眼图,记录峰-峰值、位间隔、波特率并进行数据分析。

六、实验报告要求

1. 根据实验情况写出自己的实验过程。
2. 根据实际实验情况,写出发送、接收和监控的数据。
3. 分析总线数据信号波形参数及传输品质。

实验六　AFDX 虚总线传输控制

实验类别:仿真性实验　　　　　　　　　　　　　　　　　　实验类型:选修

教材内容:AFDX 总线协议

一、实验目的

深入理解 AFDX 总线数据传输方法。

二、实验设备

AFDX 虚总线实验台(台式计算机、局域网络、AFDX 虚总线实验软件)。

三、实验内容

1. AFDX 总线点到点通信控制。
2. AFDX 总线广播通信控制。

四、系统结构

实验室用局域网将各节点连接成一体,如图 7 所示。

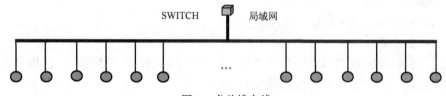

图 7　虚总线布线

五、实验步骤

1. 进入系统

双击"AFDX 虚总线实验软件"进入系统。

2. 参初始化系统

2.1　在"端口数量"中输入要连接的目标机数量,单击确定会在"连接地址"框中开启相应的端口数量。

2.2　在目标端口中输入各个目标机的 IP 地址,输入完成单击端口读取,"本机 IP"中会显示本机的 IP 地址,目标端口后的红色小框代表连接失败,绿色小框代表连接成功。

3. 传输控制

3.1 发送端操作

定义消息：

在消息定义中选择消息名称，然后输入数据值，单击"添加"将该消息添加到发送缓冲区，单击"清空"将清空发送缓冲区，在发送缓冲区中选定一条消息，单击"删除"可以删除该消息，单击"确定"将锁定发送缓冲区内容，单击"更改"可以更改发送缓冲区内容。

发送消息：

选择类型设置；输入重复发送次数；选择发送数据设置；设置完成后单击"单次发送"可以发送一次消息，单击"循环发送"将按照重复次数，单击"停止发送"将立即停止发送消息。

3.2 接收端操作

接收消息：

在"接收数据"窗口中观察接收到的消息内容。滑动滚动条可以查看历史消息。

六、实验报告要求

1. 根据实验情况写出自己的实验过程。
2. 记录对比数据，分析是否通信正常。

实验七 FC 实总线传输控制

实验类别：验证性实验　　　　　　　　　　　　　　　　　　实验类型：必修

教材内容：FC 总线协议

一、实验目的

1. 深入理解分布式总线控制方式。
2. 掌握 FC 总线数据通信控制方法。
3. 了解 FC-AV 视频信息传输方法。

二、实验设备

FC 实总线实验台（台式计算机、FC 总线接口板 AEB2E-Y、视频设备（摄像头、视频采集器、视频输出器）、FC 实总线实验软件）。

三、实验内容

1. 全局参数及方式配置。
2. 交换式数据通信控制（点对点、组播、广播）。
3. 视频信息传输控制。

四、系统结构

实验系统按照双余度布线，两个主控节点构成双余度结构，配置全局参数监控传输过程，各局部节点通过双余度 FC 交换机相连，视频设备单余度接入 FC 总线，同时主控节点通过 RS-232 控制交换机，连接如图 8 所示。

五、实验步骤

1. 进入系统

每台实验机单击"FC 实总线实验软件"，全局节点的主控或备份机还要单击"FC 全

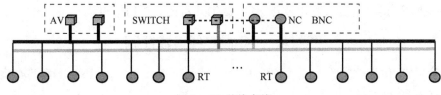

图 8 FC 总线布线

局配置与监控软件",进入相应的程序。

2. 配置全局参数(仅在全局节点的主控和备份机进行)

总线速率:可选 1Gb/s、2Gb/s、4Gb/s,一旦设定其他节点实验机均应按此速率通信。

组播方式:可配置多播分组方案。

3. 设备连接

按照约定确定端口号,自动生成或自设设备名称,根据节点类型选择网络管理角色(全局节点可选 NC/TS、BNC/TC,局部节点只能选 RT/TC)。按照全局节点设置的总线速率选择统一的 MAC 速率。然后单击"创建设备",系统连接正常后会显示结构图并以彩色线表达成功。

4. 网络管理

再次确认网络管理角色,使网络管理功能生效。

5. 时间管理(仅在全局节点的主控和备份机进行)

设置系统当前日期和时间,供系统各个节点使用。

6. 通信管理

(1) 发送数据:选择发送标准数据或自定义数据(须先定义格式和内容),可以单发、组播、广播(组播须先配置组播方案即为每组配置节点数量及编号,组播数量与编号须与全局节点设置的相应参数一致),可以重复发送、设置间隔时间以及随时暂停/停止发送。

(2) 接收数据

自动接收全部节点或选择任意节点,单击"接收"按钮可以看到设备发来的数据包括自定义的数据格式。

7. 观察分析

观察收发数据窗口,进行比较分析,确定本次通信过程是否正确,理解各个数据段表示的物理意义。

8. 视频传输(仅在主控机上进行)

进入视频控制窗口,按照固定模式设置源、目的端口(21、22)及摄像设备类型,可以打开或关闭摄像设备。

打开摄像头、视频采集器、视频输出器、视频显示器,观察动态图像体会 FC 传递影像信息的准确性和实时性效果。

说明:全局控制还包括端口链路、交换机自测试、数据信息、通信流量的监视及控制功能。实验软件及说明书中有详细的介绍与使用说明,可以提供现场帮助。

六、实验报告要求

1. 根据实验情况写出自己的实验过程。

2. 根据实际实验情况,写出发送、接收数据并对比分析通信过程。

实验八　FC 虚总线传输控制

实验类别:仿真性实验　　　　　　　　　　　　　　　　实验类型:选修
教材内容:FC 总线协议

一、实验目的
深入理解 FC 总线数据传输方法。

二、实验设备
FC 虚总线实验台(台式计算机、局域网络、FC 虚总线实验软件)。

三、实验内容
1. FC 总线点到点通信控制。
2. FC 总线交换式通信控制。

四、系统结构
实验室用局域网将各节点连接成一体,如图 9 所示。

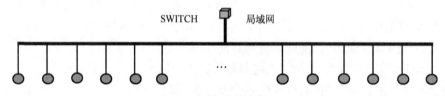

图 9　虚总线布线

五、实验步骤
1. 进入系统

双击"FC 虚总线实验软件"进入系统。

2. 设置系统

2.1　在"目标编号"中输入自己的编号,然后单击"登录",与他人编号冲突时弹出提示窗口"编号冲突",不冲突时弹出提示窗口"登录成功"。

2.2　在"目标编号"中选择目标编号,然后单击"连接",当弹出提示窗口"连接成功"后继续实验。

3. 组织数据

在"参数设置"中设置发送的各项参数。当"数据组织方式"为手动输入时在"数据值"中输入数据,当"数据组织方式"为常数时在"数据值"中选择一个数据,当"数据组织方式"为随机数或自增序列时无须输入数据。单击"发送"或"开始"发送信息。

4. 观察分析

观察每个窗口信息发送过程,分析数据发送与接收。单击"清除发送缓冲区"可清除发送窗口数据,单击"清除接收缓冲区"可清除接收窗口数据。

六、实验报告要求
1. 根据实验情况写出自己的实验过程。
2. 记录对比数据,分析是否通信正常。

实验九　LTPB 虚总线传输控制

实验类别:仿真性实验　　　　　　　　　　　　　　　　　　　实验类型:必修
教材内容:LTPB 机载总线

一、实验目的

理解第四代飞机高速总线的通信控制过程。

二、实验设备

LTPB 虚总线实验台(台式计算机、局域网络、第四代飞机虚总线实验软件)。

三、实验内容

F-22 飞机的 LTPB 总线数据通信。

四、系统结构

实验室用局域网将各节点连接成一体,如图 10 所示。

图 10　虚总线布线

五、实验步骤

1. 进入系统

选择多台仿真终端,便于观察整体效果,各自单击启动"四代机总线仿真软件"。

2. 设置系统

在"总线选择"菜单中选择总线类型"LTPB",在"仿真控制"菜单中选择"系统初始化",测试连通状态;在 LTPB 总线实验中选择"令牌速度控制"确定令牌停留时间(建议 2000ms 便于观察)。

3. 组织数据

一台或多台终端设置为发送状态,选择菜单项"消息设定|编辑消息"组织批量消息(便于观察);另一台或多台终端监视接收,选择菜单项"查看—接收消息"。

4. 观察分析

启动发送,观察总线控制权(左上角小红旗)在各终端的传递过程,观察发送、转发和接收队列的变化过程,对比分析接收端和发送端的数据。

六、实验报告要求

1. 写出实验的组织过程和选择传输的数据。
2. 根据实验现象分析第四代战机数据传输总线的通信过程。
3. 根据原理和实验所得的数据对实验结果进行分析。

实验十　RS-422/485 实总线传输控制

实验类别:验证性实验　　　　　　　　　　　　　　　　　　　实验类型:选修
教材内容:RS-422、RS-485 总线协议

一、实验目的

1. 深入理解 RS-422、RS-485 总线数据通信控制过程。
2. 认识无人机数据表达和信号电气传输特性。

二、实验设备

1. RS-422/485 实总线实验台(台式计算机、RS-422/485/CAN 总线接口模块 AEB5U-3、RS-422、RS-422/485 实总线实验软件)。
2. 示波器。

三、实验内容

1. RS-422 总线数据通信。
2. RS-485 总线数据通信。
3. RS-422/485 总线信号波形观察及电气参数测量。

四、系统结构

RS-422 采用点对点的两两连接方式,而 RS-485 将所有节点连接在一起,如图 11 所示。

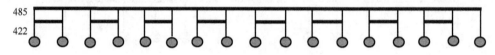

图 11 RS-422/485 总线布线

五、实验步骤

(一) RS-422 总线实验

1. 进入系统

单击"422 实总线实验程序"。

2. 设置系统

2.1 设置端口:选择 RS-422 对应的激活串口号。

2.2 设置速率:将发送端波特率与对应接收端波特率设置为相同值(注意最大速率不超过 128000b/s)。

2.3 设置数据字长度:选择数据字位数。

2.4 设置通信时机:在定时发送选项后边框内进行发送间隔设置,完成后选择定时发送。

3. 组织数据

定义消息。在字符串输入框输入自己需要发送的消息。

4. 通信控制

4.1 发送消息。单击"发送"按钮,进行消息的发送。

4.2 接收数据。在接收节点,通过接收窗口,观察接收到的消息。

注意:RS-422 总线每两个节点为一组相互双向连通,并非全部节点均连接在一起。

5. 观察分析

观察发送节点和接收节点的数据,进行比较分析,确定本次通信过程是否正确。使用示波器探头,接触总线模块 AEB5U-3 上的 RS-422 测试柱,通过示波器捕获总线信号,观察数据传送的波形,记录峰-峰值、位间隔、波特率并进行数据分析。

(二) RS-485 总线实验

RS-485 与 RS-422 实验过程相似,但有以下三点不同:

1. 实验程序名称不同,应为"RS-485 实总线实验程序"。

2. 示波器测量电气参数的测试柱不同,应为 RS-485 测试柱。

3. 总线连接方式不同。RS-485 总线上所有节点均连接在一起,因此数据可以发送到任一节点,但必须保证同一时间内只能有一个节点发送,建议采用轮流发送方式。

六、实验报告要求

1. 根据实验情况写出自己的实验过程。

2. 根据实验结果分析两种总线数据传输过程中的异同点。

3. 分析总线数据信号波形参数。

实验十一 RS-422/485 虚总线传输控制

实验类别:仿真性实验　　　　　　　　　　　　　　实验类型:选修

教材内容:RS-422、RS-485 总线协议

一、实验目的

深入理解 RS-422、RS-485 总线数据字格式及数据传输过程。

二、实验设备

RS-422、RS-485 虚总线实验台(台式计算机、局域网络、RS-422、RS-485 虚总线实验软件)。

三、实验内容

1. RS-422 总线数据通信。

2. RS-485 总线数据通信。

四、系统结构

实验室用局域网将各节点连接成一体,如图 12 所示。

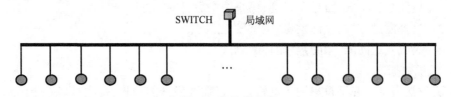

图 12　虚总线布线

五、实验步骤

(一) RS-422 虚总线实验

1. 进入系统

双击"422 虚总线实验软件"进入实验系统。

2. 建立连接

2.1　在"本机编号"中输入自己的编号,然后单击"确认",与他人编号冲突时弹出提示窗口"编号冲突",不冲突时弹出提示窗口"登录成功"。

2.2　在"目标编号"中选择目标编号,然后单击"连接",当弹出提示窗口"连接成

功"后继续实验。

3. 设置参数

3.1 设置通信速率:选择发送或接收波特率。

3.2 设置数据格式:数据字长度、停止位个数、校验方式。

3.3 选择发送方式:定时发送、发送间隔、发送新行。

4. 组织数据

定义发送消息。在字符串输入框输入自己需要发送的消息。

5. 通信控制

5.1 发送方式设置:选择"单次发送"或"循环发送"方式。

5.2 发送消息:单击"发送"按钮,进行消息的发送,再次单击则为停止发送。

5.3 接收数据:在接收节点,通过上方的接收窗口观察接收到的消息。

提示:收发节点的波特率、数据字格式应设置一致,否则无法互相传输。接收节点只需要进行建立连接和设置参数两项工作。

6. 观察分析

通过对比发送与接收数据,观察数据是否发送成功。

(二) RS-485 虚总线实验

1. 进入系统

双击"RS-485 虚总线实验软件"进入系统。

2. 建立连接

2.1 在"本机编号"中输入自己的编号,然后单击"确认",与他人编号冲突时弹出提示窗口"编号冲突",不冲突时弹出提示窗口"登录成功"。

2.2 在"目标编号"中选择目标编号,然后单击"连接",当弹出提示窗口"连接成功"后继续实验。

3. 设置参数

3.1 设置通信速率:选择发送或接收波特率。

3.2 设置数据格式:数据字长度、停止位个数、校验方式。

3.3 选择发送方式:立即发送、轮询发送。

3.4 设置发送间隔:帧间隔、循环间隔。

4. 组织数据

定义发送消息。在字符串输入框输入自己需要发送的消息,每次最多6个消息。

5. 通信控制

5.1 发送方式设置:选择"单次发送"或"循环发送"方式(不填写次数默认为无限次发送)。

5.2 发送消息:单击"发送"按钮,进行消息的发送,再次单击则为停止发送。

5.3 接收数据:在接收节点,通过接收窗口,观察接收到的消息。

提示:收发节点的波特率、数据字格式应设置一致,否则无法互相传输。接收节点只需要进行建立连接和设置参数两项工作。

6. 观察分析

通过对比发送与接收节点数据(左上角为接收数据窗口),观察数据是否发送成功。

六、实验报告要求

1. 根据实验情况写出自己的实验过程。
2. 记录收发数据,判断通信过程是否正常。

实验十二　CAN 实总线传输控制

实验类别:验证性实验　　　　　　　　　　　　　　　　　实验类型:选修
教材内容:CAN 总线协议

一、实验目的

1. 深入理解 CAN 总线数据通信控制过程。
2. 认识运载战车、航电辅助总线数据表达和信号电气传输特性。

二、实验设备

1. CAN 实总线实验台(台式计算机、RS-422/485/CAN 总线接口模块 AEB5U-3、CAN 实总线实验软件)。
2. 示波器。

三、实验内容

1. CAN 广播数据通信。
2. CAN 点对点数据通信。
3. CAN 总线信号波形观察及电气参数测量。

四、系统结构

实验室采用单余度连接,将所有节点连接在一起,如图 13 所示。

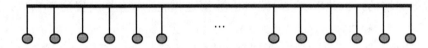

图 13　CAN 总线布线

五、实验步骤

1. 进入系统

单击"CAN 实总线实验程序"进入系统。

2. 设置系统

2.1　发送端设置

单击菜单项"设备型号",选择对应接口模块型号,之后单击"设备操作",选择启动设备。在主页面 CAN 发送设置框,选择发送帧格式和类型,并设定目的端 ID 地址,选择发送 CAN 通道。

2.2　接收端设置

单击菜单项"设备型号",选择对应接口模块型号,之后单击"设备操作",选择启动设备,打开"参数设定"下拉菜单,选择参数设定选项,进行参数设定。

2.2.1　常规参数设定:选择数据发送通道,并设置波特率(注意发送端和接收端波特率要设置为相同值),之后单击设置。

2.2.2　工作模式选择:如果是对系统进行自测试,选择自发自收模式;如果是完成节点间通信,就选择正常工作模式,单击设置。

2.2.3 滤波器设置:过滤模式一般默认为单滤波,然后选择自定义屏蔽滤波器,设置过滤验收码,如果是标准帧,则对应过滤验收码的前 11 位有效;如果是扩展帧,则对应过滤验收码的前 29 位有效。

举一个例子,如果当前端口要接收 ID 地址为 1 的标准数据帧,根据标准数据帧过滤验收码的前 11 位有效,对接收 ID 为 1 数据帧地址 1 进行 16 进制编码(切记只编前 11 位),则对应编码为 0000 0000 001,再采用补 0 法将其扩充为 32 位,对应编码为 0000 0000 0010 0000 0000 0000 0000 0000,简写为 00 20 00 00,这就是对应过滤验收码,其余 ID 类似。对于过滤屏蔽码,主要是识别接收数据帧和对应过滤验收码的一致性,对于标准数据帧也是前 11 位有效,扩展帧为前 29 位有效,依然采用上面的例子,对于过滤屏蔽码的前 11 位(0 表示数据 ID 对应位和过滤验收码必须一致,1 表示两者之间可以不一致)全为 0,表示为 0000 0000 000,之后采用补 1 法,将其扩充为 32 位,0000 0000 0001 1111 1111 1111 1111 1111,简写为 00 1F FF FF FF FF,然后单击"设置",完成整个参数的设置。

3. 组织数据

3.1 定义消息。在数据输入框内输入待发送数据(限字母和数字)。

3.2 发送消息。完成数据输入之后,设定发送总帧数以及帧发送间隔。

3.2.1 广播发送:在广播的情况下,单击 ID 递增。

3.2.2 点对点发送:在设置发送帧格式时,设置对应接收节点的 ID 地址即可;如果想以数据递增的形式进行发送,就单击数据递增,完成这些设置后单击"发送 CAN 消息"。

3.3 接收数据。按接收端设置方式设置好接收消息的 ID 后,选择打开 CAN 接收。

4. 观察分析

观察发送节点和接收节点的数据,进行比较分析;使用示波器探头,接触总线模块 AEB5U-3 上的 CAN 测试柱,调整示波器至出现信号,观察数据传送的波形,记录峰-峰值、位间隔、波特率并进行数据分析。

六、实验报告要求

1. 根据实验情况写出自己的实验过程。

2. 分析总线数据信号波形及电气参数。

实验十三 CAN 虚总线传输控制

实验类别:仿真性实验　　　　　　　　　　　　　　　　　实验类型:选修

教材内容:CAN 总线协议

一、实验目的

深入理解 CAN 总线数据字格式及传输控制过程。

二、实验设备

CAN 虚总线实验台(台式计算机、局域网络、CAN 虚总线实验软件)。

三、实验内容
CAN 总线点对点数据通信。

四、系统结构
实验室用局域网将各节点连接成一体,如图 14 所示。

图 14　虚总线布线

五、实验步骤
1. 进入系统

在各自实验节点单击"CAN 虚总线实验软件"。

2. 建立连接

2.1　在"本机帧 ID"中输入自己的编号,然后单击"登录",与他人编号冲突时弹出提示窗口"编号冲突",不冲突时弹出提示窗口"登录成功"。

2.2　在"连接对象帧 ID"中选择目标编号,然后单击"连接",当弹出提示窗口"连接成功"后继续实验。

3. 设置参数

设置数据格式:帧格式、帧类型、通道号。

4. 组织数据

选择消息名称、输入数据值、输入数据单位。

5. 通信控制

5.1　设置发送总帧数:输入循环发送次数。

5.2　发送消息:单击"发送 CAN 消息"按钮,进行消息的发送,再次单击则为停止发送。

5.3　接收数据:在接收节点,通过下方的接收窗口观察接收到的消息。

提示:接收节点只需要进行建立连接工作。为了展示数据信息传输过程细节,帧与帧间隔务必调至 150ms 以上。

6. 观察分析

通过对比发送与接收数据,观察数据是否发送成功。

六、实验报告要求
1. 根据实验情况写出自己的实验过程。

2. 对比收发数据,判断通信过程是否正常。

实验十四　武器控制模拟与分析

实验类别:综合性实验　　　　　　　　　　　　　　　　　　　　实验类型:选修

教材内容:1553B 总线协议

一、实验目的

1. 认识总线在武器装备中的地位;
2. 理解总线控制的具体实现模式;
3. 掌握总线数据分析的基本方法。

二、实验设备

1. X型总线应用控制平台;
2. Y型导弹外挂模拟设备;
3. Z型炸弹外挂模拟设备;
4. 示波器、数字万用表。

三、实验内容

1. 导弹发射控制与故障模拟;
2. 炸弹投放控制与故障模拟;

四、系统结构

实验系统由一个演示平台(内含2个主控机、3个显示器、2组平板示波器和数码管)和二台模拟设备(导弹和炸弹)组成,结构见下图:

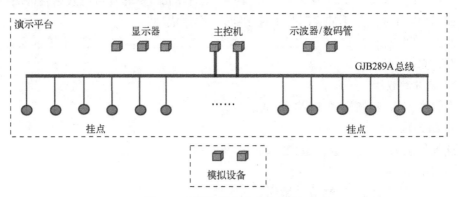

图15 武器控制实验系统结构图

五、实验步骤

1. 进入系统

将导弹模拟设备通过演示平台上的任一个挂点连入系统,启动总控机并通过"导弹发射模拟程序"开启实验。

2. 设置系统

2.1 主控机设置

选择"导弹模拟控制"程序,点击运行载机模拟软件。

2.2 模拟设备设置

选择"总线地址"、"模拟加载"、故障模拟实验时还需选择"故障类别",点击"开始"按钮。

3. 运行系统

观察演示平台左侧的操作引导显示器(对主要环节和重点关注的位置进行了标注),按照"加电-识别-加温-发射"过程,先进行发射控制实验,然后逐一设置导弹模拟设备的故障模拟项目,进行故障分析识别实验。

实验过程中,中间的主控显示器,模拟飞机座舱的显示,可以观察和识别武器状态的变化。而左侧的总线监控显示器,可以细致表现各过程总线流动信息监视和解析,包括命令字、数据字和状态字。关键数据已在引导显示器上做了标示。右侧上端的大屏幕电视,给出了总线数据参数表ICD,可供理解判断数据含义。

4. 观察分析

通过平台上的示波器观察总线信号波形及电气参数,也可操作示波器采集总线进行数据分析。总线的信号编码可以通过数码管逐位了解,总线的其他性能及离散信号,可以通过数字万用表数测量分析。

炸弹投放实验,只需更换模拟设备,参照以上步骤进行。

六、实验报告要求

1. 根据实验情况写出自己的实验过程;
2. 总结总线控制及故障状态判断方法。

实验十五　总线故障模拟/检查仪使用操作

实验类别:综合性实验　　　　　　　　　　　　　　　　　　　实验类型:必修

教材内容:总线检查仪

一、实验目的

1. 认识总线检测设备的功能及结构;
2. 学会总线检测设备的使用操作;
3. 掌握总线状态及故障的判断方法。

二、实验设备

1. 总线协议故障模拟器(含故障注入卡);
2. 总线电气故障模拟器;
3. 总线故障检查仪/模拟器(X型GJB289A);
4. 示波器、数字万用表。

三、实验内容

1. 总线电缆连通状态检查;
2. 总线数据通信状态检查;
3. 航电系统通信故障仿真;
4. 总线故障注入分析判断。

四、系统结构

实验系统由总线故障检查仪、总线故障模拟器和实总线实验系统组成,其结构见下图:

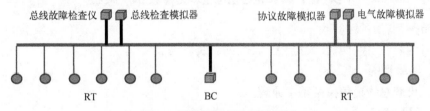

图16　故障模拟与检测连接图

五、实验步骤

1. 进入系统

启动总线故障模拟器和总线检查仪/模拟器,点击"总线故障注入"和"总线检查仪仿真程序"进入系统。

2. 设置系统

2.1 总线故障检查仪/模拟器

检查仪为实装,检查仪模拟器为软件(安装在1553B总线各个实验台式机中),进入系统后自动初始化,在系统主菜单中选择"数据采集"、"数据解析"、"数据转换"、"数据回放"、"航电系统检测"。

2.2 总线故障模拟器

在总线故障模拟器上选择"总线故障类别"(协议层、电气层、物理层、航电系统)。

协议层故障模拟:确定注入总线的通道,进行板卡初始化,添加总线消息,选择 BC 或 RT 并设置注入的故障项目,点击"开始"按钮。

电气层故障模拟:选择"故障类型"(频率、畸变、电平),并设置相应参数,点击"波形生成"。

物理层故障模拟:板卡初始化后,设置故障项目(虚接、断路、短路)。

系统级故障模拟:点击"航电故障注入",选择分系统或设备,设置故障注入项目。

3. 连接系统

将总线故障检查仪、检查模拟器、二型总线故障模拟器,逐次连入 GJB289A 实总线实验系统的全局主干总线和局部支干总线构建检测环境。

4. 运行系统

协议层故障模拟:点击"开始"按钮,

电气层故障模拟:点击"波形生成",

物理层故障模拟:点击"ON"按钮,

系统级故障模拟:点击"发送"按钮。

5. 观察分析

配合示波器和数字万用表观察电气的连通状态,观察检查仪的颜色提示判断数据通信正常与否,分析故障原因及故障位置。

六、实验报告要求

1. 根据实验情况写出自己的实验过程;
2. 总结检查仪使用及故障状态判断方法。

实验十六 总线机理演示(在线)实验

实验类别:演示性实验 实验类型:选修

教材内容:三代、四代、大型、无人、辅助总线协议

一、实验目的

普及机载总线通信控制基本原理。

二、实验设备

大学内部校园网、实验室局域网、教员单机。

三、实验内容

1. 三代战机 1553B 总线通信控制。
2. 三代飞机 429/18977 总线通信控制。
3. 四代战机 LTPB 总线通信控制。
4. 四代战机 FC 总线通信控制。
5. 大型飞机 AFDX 总线通信控制。
6. 无人机 422/485 总线通信控制。
7. 运载战车 CAN 总线通信控制。
8. 先进 TTE/TTFC 总线通信控制。
9. 1553B 总线电缆检查模拟。
10. FC 总线光缆检查模拟。
11. 总线联网检查仪模拟。
12. 俄制总线检查仪模拟。

四、系统结构

通过校园网拓展实验覆盖面、降低难度、突出要点、配合动画展现基本控制理念,让更多的爱好者了解机载总线知识。实验室用局域网将各节点连接成一体,并与校园网连同,如图 17 所示。

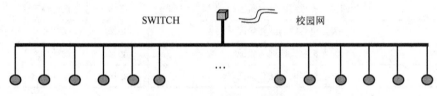

图 17　总线机理演示实验布线

五、实验步骤

1. 进入系统

总线实验网址为 http://xkwz.gcxy.kgd.mtn/buslabweb/index.htm。可在空军工程大学或航空工程学院校园网上寻找"机载总线网络课程"或"机载总线实验室"进入,使用前请安装 Adobe Flash Player 11.0 或以上版本软件。工程学院"机载总线技术实验室"内,可由"网络在线实验"文件夹进入。

2. 实验步骤

选择实验类型,进行通信控制和故障模拟实验。说明:不同类型实验的操作步骤不尽相同,参见实验中的步骤提示(辨析实验不提示)。

2.1　初始设置

设置实验规模(节点数量)、总线速率(多总线)、连接方式(多结构)、延迟时间等。

2.2　数据组织

采用手工录入或列表选择方式组织发送数据集,一些实验需要大量数据才能展示系统整体的变化规律。

2.3　传输控制

单击"发送""接收"按钮,开始通信过程。

2.4 结果分析

对比收发数据,判别通信过程正确性,分析失败原因纠正实验差错,尤其是辨析类实验。

2.5 故障处理

单击"故障模拟"重新开始通信过程,观察实验现象,分析内部原因。单击"故障排除"恢复正常状态。

附录3 总线综合设计指导书

本实验指导书用于辅助"总线综合设计"课程教学,旨在提高学员的工程实践和创新能力,加深对机载总线系统知识的理解。本书按照课程任务要求,设置了六类实验供学员选择。

总线综合设计实验				
序号	实验名称	实验类型	实验类别	实验学时
实验一	三代飞机总线(1553B)调试与验证	必修	设计性	8
实验二	三代飞机总线(429/18977)调试与验证	必修	设计性	8
实验三	四代飞机总线调试与验证计	必修	设计性	8
实验四	大型机总线调试与验证	必修	设计性	8
实验五	无人机总线调试与验证	必修	设计性	8
实验六	总线数据融合综合调试	必修	设计性	8

实验一 三代飞机总线(1553B)调试与验证

实验类别:设计性实验　　　　　　　　　　　　实验类型:必修

教材内容:1553B 总线协议

一、实验目的

加深对1553B总线数据通信及传输机制的理解,全面锻炼软硬件开发能力。

二、实验设备

1. 硬件调试操作台(母板、协议芯片、转换芯片、辅助芯片、FPGA、开发器、测量仪器、焊接工具、阻容元器件等)。

2. 软件调试操作台(通用开发环境、电路制作软件、电路仿真等软件)。

3. 综合联调验证平台(主控仿真机、节点仿真机、1553B实总线实验软件、1553B虚总线实验软件)。

三、实验内容

设计、调试、验证1553B总线接口电路或仿真通信软件。

(一)总线接口硬件调试

1. 总线核心模块调试。

2. 总线外围模块调试。

3. 总线通信系统联调。

(二) 实总线半物理仿真

1. 总线接口板调用测试。
2. BC 端仿真程序调试。
3. RT 端仿真程序调试。

(三) 虚总线数字仿真

1. 网络数据通信基础。
2. BC 端仿真程序调试。
3. RT 端仿真程序调试。

四、实验要求

1. 根据设计任务选择实验类型。
2. 实现总线通信的基本功能：初始化、消息定义、数据收发、传输控制等。
3. 对于实总线通信软件要求有板卡初始化功能，虚总线系统要求有验证网络能否正常通信的功能。

五、课程设计总结报告要求

1. 写出总体设计的基本思想。
2. 写出软/硬件模块的基本功能与实现方式。
3. 写出主要模块和界面功能。

实验二 三代飞机总线(ARINC429/ГOCT18977)调试与验证

实验类别：设计性实验   实验类型：必修
教材内容：ARINC429/ГOCT18977 总线协议

一、实验目的

1. 加深对 ARINC429 和 ГOCT18977 总线通信及传输机制的理解。
2. 全面锻炼软硬件开发能力。

二、实验设备

1. 硬件调试操作台（母板、协议芯片、转换芯片、辅助芯片、FPGA、开发器、测量仪器、焊接工具、阻容元器件等）。
2. 软件调试操作台（通用开发环境、电路制作软件、电路仿真等软件）。
3. 综合联调验证平台（主控仿真机、节点仿真机、ARINC429/ГOCT18977 实总线实验软件、ARINC429/ГOCT18977 虚总线实验软件）。

三、实验内容

设计、调试、验证 ARINC429/ГOCT18977 总线接口电路或仿真通信软件。

(一) 总线接口硬件设计

1. 总线电路模块调试。
2. 总线电路总体调试。
3. 总线控制系统联调。

(二) 实总线半物理仿真

1. 总线接口板调用测试。

2. 总线通信仿真程序调试。
3. 总线控制仿真程序调试。
(三) 虚总线数字仿真
1. 网络数据通信基础。
2. 总线通信仿真程序调试。
3. 总线控制仿真程序调试。
四、实验要求
1. 根据设计任务选择实验类型。
2. 实现总线通信的基本功能:初始化、消息定义、数据收发、传输控制等。
3. 对于实总线通信软件要求有板卡初始化功能,虚总线系统要求有验证网络能否正常通信的功能。
五、课程设计总结报告要求
1. 写出总体设计的基本思想。
2. 写出软/硬件模块的基本功能与实现方式。
3. 写出主要模块和界面功能。

实验三　四代飞机总线调试与验证

实验类别:设计性实验　　　　　　　　　　　　　　　　实验类型:必修
教材内容:四代飞机总线协议
一、实验目的
1. 加深对 F-35 飞机 FC、F-22 飞机 LTPB 总线传输机制的理解。
2. 全面锻炼软件开发能力。
二、实验设备
四代机仿真系统(台式计算机、局域网络、总线实验软件)。
三、实验内容
设计、调试、验证 LTPB 或 FC 总线通信仿真软件:
(一) 实总线半物理仿真
1. 总线接口板调用测试。
2. 总线通信仿真程序调试。
3. 总线控制仿真程序调试。
(二) 虚总线数字仿真
1. 网络数据通信基础。
2. 总线通信仿真程序调试。
3. 总线控制仿真程序调试。
四、实验要求
1. 根据设计任务选择实验类型。
2. 软件开发环境 VC 或 VB。
3. 满足基本功能:初始化、消息定义、消息传输等。
4. 虚总线仿真项目要求有验证网络能否正常通信的功能。

五、课程设计总结报告要求

1. 写出软件总体设计的基本思想。
2. 写出软件开发的基本过程。
3. 写出主要模块和界面功能。

实验四　大型飞机总线调试与验证

实验类别：设计性实验　　　　　　　　　　　　　　实验类型：必修
教材内容：大型飞机总线协议

一、实验目的

1. 加深对飞机 AFDX 总线传输机制的理解。
2. 全面锻炼软件开发能力。

二、实验设备

AFDX 总线仿真系统(台式计算机、局域网络、总线实验软件)。

三、实验内容

设计、调试、验证 AFDX 总线通信仿真软件：

（一）实总线半物理仿真

1. 配置与控制程序调试。
2. 数据通信程序调试。

（二）虚总线数字仿真

1. 网络数据通信基础。
2. 总线通信仿真程序调试。

四、实验要求

1. 软件开发环境 VC 或 VB。
2. 要求能够满足总线通信的主要功能：初始化、消息定义、消息传输等功能。
3. 虚总线仿真要求有验证网络能否正常通信的功能。

五、课程设计总结报告要求

1. 写出软件总体设计的基本思想。
2. 写出软件开发的基本过程。
3. 写出主要模块和界面功能。

实验五　无人机总线调试与验证

实验类别：设计性实验　　　　　　　　　　　　　　实验类型：必修
教材内容：无人机总线协议

一、实验目的

1. 加深对无人机 RS-422、RS-485、CAN 总线传输机制的理解。
2. 全面锻炼软件开发能力。

二、实验设备

1. 硬件调试操作台(母板、协议芯片、转换芯片、辅助芯片、FPGA、开发器、测量仪器、焊接工具、阻容元器件等)。

2. 软件调试操作台(通用开发环境、电路制作软件、电路仿真等软件)。
3. 综合联调验证平台(主控仿真机、节点仿真机、RS422/485接口板、CAN接口板)。

三、实验内容

设计、调试、验证 RS422、RS485、CAN 总线接口电路或仿真通信软件。

(一) 总线接口硬件设计

1. 总线电路模块调试。
2. 总线电路总体调试。
3. 总线控制系统联调。

(二) 实总线半物理仿真

1. 总线接口板调用测试。
2. 总线通信仿真程序调试。
3. 总线控制仿真程序调试。

(三) 虚总线数字仿真

1. 网络数据通信基础。
2. 总线通信仿真程序调试。
3. 总线控制仿真程序调试。

四、实验要求

1. 根据设计任务选择实验类型。
2. 实现总线通信的基本功能:初始化、消息定义、数据收发、传输控制等。
3. 虚总线系统要求有验证网络能否正常通信的功能。

五、课程设计总结报告要求

1. 写出总体设计的基本思想。
2. 写出软/硬件模块的基本功能与实现方式。
3. 写出主要模块和界面功能。

实验六 总线数据融合综合调试

实验类别:设计性实验 　　　　　　　　　　　　　实验类型:必修
教材内容:多个总线协议

一、实验目的

深化多总线数据格式及传输机制的理解,全面锻炼综合分析与设计能力。

二、实验设备

1. 全局多总线控制节点(1553B、429、18977、422、485、CAN、AFDX、FC)。
2. 局部多总线控制节点(1553B、429、18977、422、485、CAN、AFDX、FC)。
3. 局部多总线控制节点(1553B、FC 或 429、AFDX、422/485/CAN)。

三、实验内容

设计、调试、验证多总线数据转换及仿真控制软件:

1. 多总线数据格式转换调试。

2. 多总线通信控制转换调试。
3. 多总线全局数据转发控制调试。

四、实验要求
1. 根据设计任务选择实验总线类型及数量。
2. 实现总线融合控制的基本功能:初始化、数据转换、控制转换等。
3. 对于涉及全局和总体控制的融合,要对整体数据分发和通信控制进行调试。

五、课程设计总结报告要求
1. 写出总体设计的基本思想。
2. 写出总线融合的数据和控制管控机制。
3. 自我评价融合方式及操作使用特点。

附录 4 习题及参考答案

一、判断题
1. 1553B 总线中必须对 BC 定义地址,否则通信中无法指出位置。
2. ARINC429 总线是单向数据传送形式。
3. ARINC429 总线不能使用广播通信方式。
4. ARINC429 总线的字间隔为 4 位。
5. HS-3282 接口芯片可以直接发送数据到 1553B 总线。
6. HS-3282 接口芯片单片不能完成自循环测试。
7. HS-3182 接口芯片可以编程使用。
8. 1553B 总线的远程终端只能发出方式命令字,而不能发出其他命令字。
9. 1553B 总线的控制器能发出命令字、数据字和状态字,而终端只有权发出状态字。
10. 1553B 总线终端接收到控制器的广播数据后,立即发回状态字作为回应。
11. 航空电子综合系统中的综合是指信息和功能综合。
12. 航空电子综合系统与一般的网络系统在可靠性上要求不同。
13. F-16 飞机的航空电子系统总线上有多个总线控制器。
14. 航空电子单总线系统中无容错功能。
15. F-18 飞机航空电子系统是由两台 MC 分别控制两套总线。
16. F-18 飞机中控制总线的两台 MC 是并行工作的。
17. B-52 飞机的总线结构为多层次。
18. 多层次总线结构中局部总线为系统权力最高拥有者。
19. 多层次总线结构的故障隔离性好。
20. 令牌传送方式的值班节点是对监控节点的备份。
21. 跨总线通信中网关可具有 BC 和 RT 双重功能。
22. 在同步传送过程中,向量字是由 BC 发出的。
23. 1553B 总线中 RT 发出的服务请求可以随时得到响应。
24. 1553B 总线的异步传送可以占用多个小周期。
25. 18977 总线具有 48Kb/s 传输速率。

26. 俄制三代军用飞机使用 18977 总线构建航电系统。
27. ARINC429 与 HB6096 协议完全一样。
28. LTPB 总线没有固定的控制节点。
29. LTPB 总线各节点使用令牌时间应均等。
30. LTPB 总线具有环形物理连接结构。
31. LTPB 总线必须设置一个监控节点。
32. LTPB 总线令牌丢失后不必补发。
33. LTPB 总线无法判断令牌传递正常与否。
34. LTPB 总线节点必须配置数据通信缓冲队列。
35. 并非所有的 LTPB 总线节点都须具有全局管理权。
36. 优先级最高的节点可以立即发出 LTPB 总线数据。
37. 总线节点数量不影响 LTPB 总线的响应速度。
38. FC 总线点对点数据传输效率最高。
39. FC 总线交换式结构节点规模最大。
40. FC 总线使用 CRC 数据校验方式。
41. FC 总线仲裁环结构不区分站点的优先级。
42. FC 总线可以使用电缆传输进行数据通信。
43. FC 总线速率可达 100Mb/s。
44. FC 总线使用单向数据传输方式。
45. 令牌环控制结构不能用于 FC 总线系统。
46. F-35 飞机主总线使用的是 FC。
47. 屏蔽双绞线电缆比光纤具有更强的抗干扰能力。
48. AFDX 总线可以使用载波侦听竞争机制控制总线通信。
49. AFDX 总线属于分布式控制结构。
50. AFDX 总线虚链路不能长期占用。
51. AFDX 总线系统中 BC 是控制中心。
52. CAN 总线设备没有固定地址。
53. CAN 总线地址与优先级无关。
54. CAN 总线数据通信基本单位为 5~8 位。
55. CAN 总线使用载波侦听竞争机制控制总线通信。
56. 申请总线服务的设备越多 CAN 优先权裁决时间越长。
57. 422 二线制总线可以完成双向通信。
58. 422 总线可以实现多发多收通信。
59. 485 总线不可以挂接双向通信设备。
60. 485 总线传输速度可达 100Mb/s。

二、单选题

1. 1553B 总线的远程终端收到错误报文后,将状态字的报文错误位置 1,然后(　　)。
    A. 发送回状态字　　　　　　　　B. 发出中断服务请求
    C. 发出方式字　　　　　　　　　D. 什么也不做

2. 1553B 总线的 BC 得知某终端状态字的服务请求位为 1 后,将发出(　　)。
   A. 向量方式字   B. 请求向量方式字
   C. 特征标志字   D. 状态字
3. ARINC429 总线要实现两设备之间数据互传,必须设置(　　)。
   A. 双总线   B. 双地址码   C. 双 RT   D. 双 BC
4. ARINC429 总线在文件传输过程中使用了初始字、中间字和结束字,它们的区别是(　　)。
   A. LABEL 段   B. SDI 段   C. SSM 段   D. 数据段
5. 典型三代战机的 DCSS 子系统与总线的连接方式是(　　)。
   A. 双余度   B. 三余度   C. 四余度   D. 跨总线
6. 总线通信的轮询式控制方式中当前控制器总是将总线控制权移交于(　　)。
   A. 备援 BC   B. 下一个 BC
   C. 优先级最高的 BC   D. 任意 RT
7. 跨总线传送中向量字用于表示(　　)。
   A. 对方 RT 描述   B. 己方 RT 描述   C. 对方总线描述   D. 己方总线描述
8. 总线间发送和接收字在跨总线 RT 通信时,首先存放于(　　)。
   A. 对方 BC   B. 对方 RT   C. 己方 BC   D. 己方 RT
9. LTPB 总线传递数据到(　　)。
   A. 物理相邻节点   B. 逻辑相邻节点   C. 控制中心   D. 监控节点
10. LTPB 总线补发令牌的节点是(　　)。
    A. 值班节点   B. 下一个节点   C. 中心节点   D. 监控节点
11. LTPB 总线表达总线控制权的标志是(　　)。
    A. 数据帧   B. 令牌帧   C. BC 帧   D. RT 帧
12. FC 总线数据校验方式为(　　)。
    A. 奇校验   B. 偶校验   C. CRC 校验   D. 无校验
13. FC 总线传递速率最快的结构是(　　)。
    A. 点对点   B. 交换式   C. 仲裁环   D. 令牌环
14. FC 总线节点数量最多的结构是(　　)。
    A. 点对点   B. 交换式   C. 仲裁环   D. 令牌环
15. FC 总线使用最广的领域是(　　)。
    A. 三代战机   B. 四代战机   C. 民航飞机   D. 无人机
16. AFDX 总线交换式结构数据通信信道是(　　)。
    A. 固定式   B. 浮动式   C. 虚链路   D. 载波式
17. AFDX 总线实现双向通信的方式为(　　)。
    A. 构建两个通道   B. 只需一个通道   C. 建立环路   D. 下达换向指令
18. 影响 422 总线传输速度的最主要因素是(　　)。
    A. 导线屏蔽层   B. 设备数量   C. 导线长度   D. 连接方法
19. 485 总线双向传输的最佳控制方法是(　　)。
    A. 轮询式   B. 独立式   C. 并发式   D. 竞争式

20. CAN 总线竞争优先权最高的是(　　)。
　　A. 高地址消息　　　B. 低地址消息　　　C. 短消息　　　D. 控制消息

三、多选题

1. 航空电子综合系统与一般网络在设计上的要求不同于(　　)。
　　A. 可靠性　　　　　B. 实时性　　　　　C. 通信距离
　　D. 连接线　　　　　E. 容错能力

2. B-52 飞机使用两条总线的目的在于(　　)。
　　A. 形成双余度　　　B. 使用两种协议　　C. 功能分解
　　D. 保障通信速度　　E. 保证重点部件的可靠性

3. 多层次总线结构的特点是(　　)。
　　A. 实现多余度连接　B. 进一步提高 1553B 总线的速度
　　C. 便于实现集中控制　D. 功能合理划分　　E. 便于故障诊断与隔离

4. 总线的随机竞争控制方式要求发送节点具有(　　)。
　　A. 退避功能　　　　B. "说"的功能　　　C. "听"的功能
　　D. 重试功能　　　　E. 排队功能

5. 总线间发送和接收字在跨总线 RT 通信时,将被传到(　　)。
　　A. 对方 BC　　　　B. 对方 RT　　　　C. 己方 BC
　　D. 己方 RT　　　　E. 网门

6. 同步传送的小周期内应完成(　　)。
　　A. 总线数据传送　　B. 内部数据计算与处理　C. 异步请求状态查询
　　D. 错误管理与恢复　E. 异步请求服务

四、填空题

1. 使用 ARINC429 总线的飞机有＿＿＿、＿＿＿、＿＿＿和＿＿＿,使用 ARINC629 总线的飞机有＿＿＿。

2. 使用 MIL-STD-1553B 总线的飞机有＿＿＿、＿＿＿、＿＿＿和＿＿＿。

3. 一条 1553B 总线最多可以带＿＿＿个远程终端,而每个终端最多可以带＿＿＿个子设备。

4. ARINC429 总线的高速工作速率为＿＿＿ b/s,低速工作速率为＿＿＿ b/s,而 1553B 总线的工作速率为＿＿＿ b/s。

5. HS-3282 接口芯片内含＿＿＿个接收器和＿＿＿个发送器。

6. 在 ARINC429 总线传输文件过程中,一个文件的记录总个数应在＿＿＿初始字中表示,一个记录的数据总个数应在＿＿＿初始字中表示。

7. 20 世纪七八十年代美国推出的航空电子系统军用标准的代号为＿＿＿、＿＿＿、＿＿＿、＿＿＿。

8. 某型三代机航电系统采用＿＿＿层次总线结构,其中 MC 计算机与＿＿＿条总线相连接,SMS 及 NAMP 子系统与＿＿＿条总线相连接。

9. 令牌传送方式中,为提高效率,采用了只传送各节点＿＿＿的数据,而值班节点只在＿＿＿情况下才启动工作。

五、分析题

1. 画出 1553B 总线的命令字、数据字和状态字的格式并简要说明三者在使用中的识别方法。

2. 简要说明 1553B 的 1 号终端请求接收 2 号终端 5 个字数据的全过程。

3. 写出 1553B 的 BC 进行广播通信的消息格式，并简要说明确认 3 号终端是否正确接收的命令字和状态字内容。

4. 简要说明 F-18 机双总线结构中的 MC 工作区别。

5. 简要说明跨总线终端通信的过程和主要控制字作用。

六、名词解释

MBI　　　ARINC　　　BNR　　　BM　　　RT

BC　　　TM　　　OFP　　　RTE

七、关系题

在 ARINC429 总线的文件传输过程如下，用连线方式指出各个字与其发出部件的联系。

	数据发送部件	数据接收部件
"请求发送"初始字	"清除发送"初始字	"数据"中间字
"失步"初始字	"查询"初始字	"接收正确"初始字
"数据跟随"初始字	结束字	"接收不正确"初始字

习题参考答案

一、判断题

2(√),4(√),11(√),12(√),15(√),16(√),19(√),20(√),21(√),24(√),25(√),26(√),28(√),31(√),34(√),38(√),39(√),40(√),44(√),46(√),49(√),50(√),52(√),54(√),55(√)

二、单选题

DBACA　BADAD　BCABB　CACAB

三、多选题

1. ABE　2. ACD　3. DE　4. ABCD　5. AE　6. ABCDE

四、填空题

1. A320　A340　B737　B757　B777

2. F-16　F-18　B-52　Cy-35

3. 31　30

4. 100k　12.5k　1M

5. 2　1

6. 请求发送　数据跟随

7. 1750　1553　1760　1589

8. 多　2　2

9. 新　监控节点故障

五、分析题
略

六、名词解释
MBI——多路总线接口
ARINC——美国无线电公司
BNR——二进制补码
BM——总线监视器
RT——远程终端
BC——总线控制器
TM——测试与维护总线
OFP——飞行作战程序
RTE——实时执行程序

七、关系题
数据发送部件："请求发送"初始字，"数据"中间字，结束字，"数据跟随"初始字，"查询"初始字。

数据接收部件："清除发送"初始字，"接收正确"初始字，"接收不正确"初始字，"查询"初始字。

附录5 英汉专业缩略词汇对照表

AAD	automatic attitude director	自动指引地平仪
AATS	advanced automation training system	先进的自动化培训系统
AAS	advanced automation system	先进的自动化系统
AC	advisory circular	咨询性通知
ACARS	automatic communications and recording system	自动通信和记录系统
ACCC	area control computer complex	地区管制计算机综合体
ACCP	automatic configuration control processor	自动构形控制处理机
ACF	area control facility	地区管制设施
ACMF	airplane conditionmomtorlng function	飞机状态监控功能
ACMS	airplane conditionmonitoring system	飞机状态监控系统
ACT	active control technology	主动控制技术
ACU	antenna coupler unit	天线耦合器
ADASAWOS	data acquisition system	自动气象数据获取系统
ADC	air data computer	大气数据计算机
ADD	airstreams direction finding	自动测向仪
ADI	attitude direction indicator	指引地平仪
ADIRS	air data inertial reference system	大气数据惯性参考系统
	air data computer and inertial reference unit	大气机和惯性参考装置

ADP	automated data processing	自动化数据处理
ADS	automatic dependent surveillance	自动化有依赖的监视
AE	architectural and engineering	结构和工程
AEEC	Airline Electrical Engineering Committee	航空电子工程委员会
AEATC	automated enrooted air traffic control	自动化中途航空管制
AEW	airborne early warning	空中预警
AF	airway facilities	航路设施
AFCS	automatic flight control system	自动飞行控制系统
AFGS	automatic flight guidance system	自动飞行导引系统
AFSS	automated flight service station	自动化飞行服务站
AFTN	aeronautical fixed telecommunications network	固定航空电信网络
AS	address selective (SSR system)	地址选择器
ATG	air to ground	空对地
A/G	above ground level	高于地面
AHRS	attitude and heading reference system	航向姿态参考系统
AHRU	attitude and heading reference unit	姿态航向基准装置
AI	airborne interception	空中截击
AIMS	airplane information management system	飞机信息管理系统
AIP	airport improvement program	空港改进计划
AMI	airmen's meteorological information	航业人员的气象资料
ALSIP	approach light system improvement program	近照明系统改进计划
ALSWSFL	approach light system with sequenced flashing lights	有序闪光标进近照明
AM	amplitude modulation	调幅
AMI	airline modifiable information	航空公司可更改信息
AMRICS	automatic management, receiver and intercom munications system	自动管理、接收机和机内通信系统
AMSU	aircraft motion sensing unit	飞机运动传感装置
AOA	angle of attack	攻击角
AOCI	Airport Operators council International	国际空港管理协会
APC	aeronautical public correspondence	航空公用通信
APS	airway planning standard	航路设计标准
ARF	airport reservation function	空港预定使用任务
ARINC	Aeronautical Radio, Incorporated	航空无线电公司
ARSR	air route surveillance radar	航线监视雷达
ARTCC	air route traffic control center	航线交通管制中心
ARTS	automated radar terminal system	自动化雷达终点系统

ASDE	airport surface detection equipment	空港地面探察设备
ASM	autothrottle servo motor	自动油门伺服马达
ASOS	automated surface observing system	自动化地面观察系统
ASP	arrival sequence program	顺序进场计划
ASPJ	airborne self protection jammed	机载自卫干扰机
ASR	airport surveillance radar	空港监视雷达
ASR	air to surveillance radar	空对面舰艇搜索雷达
ASW	air sea warfare(radar)	空对海作战雷达
AT	air traffic/auto throttle	自动油门/航空交通
ATC	air traffic control	空中交通管制
ATCBI	air traffic control beacon interrogator	航空交管测距信标器
ATCRBS	air traffic control radar beacon system	航空交管雷达信标系统
ATCT	airport traffic control tower	空港交通管制塔台
ATE	automatic test equipment	自动测试设备
ATF	advanced tactical fighter	先进战术战斗机
AT&T	American Telephone and Telegraph	美国电话电报公司
ATIS	automatic terminal information service	自动化终点资料服务
ATR	air transport racking	运输机活动货物托架
ATU	antenna tuning unit	天线调协装置
AUTDN	automated digital network	自动化数字网络
AUTVN	automatic voice network	自动化语声网络
ALAN	avionics local area network	航空电子局域网
AVS	aviation standards	航空标准
AWANS	aviation weather and NOTAN system	航空气象和给航业人员通告的系统
AWOS	automated weather observing system	自动化气象观察系统
AWP	aviation weather processor	航空气象处理器
BC	bus controller	总线控制器
BCAWR	British Civil Air worthiness requirement	英国民航始航性要求
B/S	bits per second	每秒传送位数
BFO	beat frequency oscillator	差频震荡器
BIFU	bus interface unit	总线接口装置
BIPM	backplane interface/power monitor	背板接口/电源监控器
BITE	built in test equipment	机内测试设备
BLEU	Blind Landing Experimental Unit(RAE)	盲目着陆实验装置
BRITE	bright radar indicator tower equipment	塔台专用明亮雷达屏镜
BSI	British Standards Institution	英国标准学会

BEC	backup emergency communications	后备紧急通信
CA	conflict alert	冲突报警
CA/MSAW	conflict alert/minimum safe altitude warning	冲突报警/最低限度安全高度警告
CARF	central altitude reservation function	中央飞行高度保留功能
CBI	computer based instruction	使用计算机的教学
CCD	consolidated cab display	综合塔舱显示
CCP	contingency command post	应急指挥站
CD	common digitizer	共同数字化设备
CDC	computer display channel	计算机显示波道
CDT	controlled departure times	管制的起飞时间
CDU	control display unit	控制显示组件
CCRAC	combined center radar approach control	雷达进近管制联合中心
CFCC	central flow control computer	中央流量管制计算机
CFCF	central flow control function	中央流量管制职务
CFDPS	compact flight data processing system	紧凑飞行数据处理系统
CFWP	central flow weather processor	中央流量气象处理机
CFWSU	central flow weather service unit	中央流量气象服务部件
CMCS	central maintenance computing system	中央维护计算系统
COMLO	compass locator	罗盘定位器
COMSE	communications security	通信保安
CONUS	continental United States	美国大陆本部
CP	control panel	控制面板
CPM	core processor module	核心处理模块
ACMF	airplane condition monitoring	飞机状态监控功能
CPM/C	core processor module/communication	核心处理模块/通信
CPM/GG	core processor module/graphics generator	核心处理/图形产生器
CRA	conflict resolution advisory	解决冲突咨询
CRT	cathode ray tube	阴级射线管
CWP	central weather processor	中央气象处理器
CWSU	center weather service unit	中心气象服务单位
CAR	civil airworthiness requirements	民航机适航性要求
CCS	communication control system	通信控制系统
CDI	course/deviation indicator	偏航指示器
CDU	control and display unit	控制显示装置
CNI	communications, navigation local oscillator	通信导航识别仪
COSLO	coherent oscillator/stable local oscillator	相干/稳定本机振荡器

CRE	controlled requirement expression	要求控制表示
CPU	central processing unit	中央处理机
CSAS	control and stability augmentation	控制与稳定性增强系统
CSMA/CA	carrier sense multiple access clash avoidance	运输机方位/多路防撞
CVR	cockpit voice recorder	驾驶舱录音机
DARC	direct access radar channel	直接雷达波道
DCC	display channel complex	显示波道综合体
DCGF	data conversion gateway function	数据转换网关功能
DCMF	data communication management function	数据通信管理功能
DCMS	data communication management system display	数据通信管理系统
DU	display unit	显示组件
DES	data encryption standard	数据加密码的标准
DF	direction finder	测向器
DFCS	digital flight control system	数字飞行控制系统
DFDA	digital flight data acquisition	数字飞行数据采集
DME/P	precision distance measuring equipment	精确测距设备
DOD	Department of Defense	国防部
DOT	Department of Transportation	运输部
DSB	double sideband	双旁频带
DSP	display select panel	显示选择板
DSP	departure sequencing program	顺序起飞计划
DUAT	direct user access terminal	用户可直接获取的终点
DME	distance measuring equipment	测距设备
DVOR	doppler very high frequency omni direction al-range	多普勒甚高频全向测距信标
DATAC	data autonomous transmission and communication	自主数据传输和通信
DECS	digital engine control system	数字式发动机控制系统
DECU	digital engine control unit	数字式发动机控制装置
DFCS	digital flight control system	数字式飞行控制系统
DOA	direction of arrival	到达方向
DTU	data transfer unit	数据传输装置
DVI	direct voice input	直接话音输入
E-DARC	enhanced direct access radar channel	加强的直达雷达波道
EDCT	estimated departure clearance time	预计起飞许可时刻
EFAS	enroute flight advisory service	中途飞行咨询服务
EFIS	electronic flight instrument system	电子飞行仪表系统
EICAS	engine indication and crew alerting system	发动机指示和机组警告

ELOD	en route sector load	中途航线部分管制机数
EMC	electromagnetic compatibility	电磁的一致性
EOF	emergency operations facility	紧急运行设施
EPA	Environmental Protection Agency	环境保护总署
ERL	Environmental Research Laboratories	环境研究实验室
ERM	enrooted metering	中途飞行计量
ESMMC	enhanced SMMC	增强的系统维护监视台
ESP	enrooted spacing program	中途间隔计划
ETG	enhanced target generator	加强的显示目标产生器
EAD	electronic attitude director	电子姿态指引仪
EAP	experimental aircraft plan	实验飞机计划
EAS	equivalent airspeed	等效空速
ECAM	electronic centralized aircraft maintenance	飞机电子集中维护
ECCM	electronic counter counter measures	电子对抗,电子反干扰
ECM	electronic counter measures	电子对抗,电子干扰
EFA	European Fighter Aircraft	欧洲战斗机
FAA	Federal Aviation Administration	联邦航空管理局
FCS	flight control system	飞行控制系统
FDRS	light data recorder system	飞行数据记录器系统
FMCU	flight management control unit	飞行管理控制装置
FMS	flight management computer system	飞行管理系统
GBST	ground based software tool	地面软件工具
GG	graphics generator	图形产生器
GPS	global positioning system	全球定位系统
HOTAS	hands on throttle and stick	双杆(油门杆和驾驶杆)
HSI	horizontal situation indicator	水平显示器
HUD	head up display	平视显示器,平视仪
HUMS	health and usage monitoring system	正常使用监控系统
ICAO	International Civil Aviation organization	国际民航组织
IEEE	Institution of Electrical and Electronic Engineers	电气和电子工程师协会
IFF	identification friend or foe	敌我识别
ILS	instrument landing system	仪表着陆系统
INI	inertia navigation	惯性导航
INEWS	integrated electronic warfare system	综合电子战系统
ISA	instruction set architecture	指令系统结构
ISSP	instrument source select pane	仪表源选择板
IRM	in replaceable module	外场可更换模块

ITU	International Telecommunications Union	国际电信联合会
JAR	joint airworthiness requirements	联合适航性要求
JTIDS	joint tactical information distribution system	联合战术信息分配系统
LATCC	London Air Traffic Control Centre	伦敦空中交通管制中心
LCD	liquid crystal display	液晶显示器
LCFC	low cycle fatigue counter	低循环计数器
LED	light emitting pipe	发光二极管
LOS	line of sight	瞄准线
LRU	linereplaceable unit	外场可更换组件
LUF	lowest usable frequency	最低可用频率
MASS	master armament selection switch	主武器选择开关
MAW	mission adaptive wing	飞行任务自适应机翼
MDP	maintenance data panel	维护数据显示板
MECU	main engine control unit	主发动机控制装置
MECD	multi function color display	多功能彩色显示器
MIDS	management information and decision support	管理信息及决策保证
MLS	microwave landing system	微波着陆系统
MOD	Ministry of Defense	国防部(英国)
MOSFET	metal oxide silicon field effect transistor	金属氧化硅场效应管
MPCE	multi purpose color display	多用途彩色显示器
MTBF	mean time between failures	平均故障间隔时间
MTI	moving target indicator	活动目标指示器
NASA	National Aeronautics and Space Administration	美国宇航局
NDB	non directional beacon/ navigation database	全向信标/导航数据库
NPL	National Physical Laboratory	国家物理实验室
OPC	operational program configuration file	操作程序结构文件
OPS	operational program software	操作程序软件
PCM	pulse code modulation	脉冲编码调制
PDS	primary display system	主显示系统
PFCU	powered flying control unit	动力飞行控制装置
PMAT	portable maintenance access terminal	便携式维护终端
PPI	plan position indicator	平面位置指示器
APPI	at present position indicator	当前位置指示器
PRF	pulse repetition frequency	脉冲重复频率
PSK	phase shift keying	相移键控
RAE	Royal Aerospace Establishment	皇家航空研究院
RAM	random access memory	随机存取存储器

RBI	relative bearing indicator	相对方位指示器
RDDMI	radio direction/distance magnetic indicator	无线电方位/距离和磁罗盘指示器
RLS	remote light sensor	远距离光线传感器
RMI	radio magnetic indicator	无线电磁罗盘指示器
ENAV	area navigation	区域导航
ROM	read only memory	只读存储器
RTT	round trip timing	循环计时
RTTY	radio teletype	无线电电传打字机
RWR	rear warning radar	警戒雷达
SAARU	secondary attitude air data reference unit	备用姿态大气数据组件
SAFRA	semi automatic functional requirements analysis	半自动功能要求分析
SAW	surface acoustic wave	表面声波
SID	standard instrument departure	标准仪表飞行起飞离场
SIGINT	signals intelligence	信号情报
SLAR	side looking airborne radar	机载旁视雷达
SMP	systems management processor	系统管理处理机
SMS	stored management processor	外挂物管理系统
SMT	scheduled maintenance task	预定维护任务
SSEC	static source error correction	静压源误差校正
SSR	secondary surveillance radar	二次监视雷达
STAR	standard terminal arrival route	标准进场路线
STOL	short take off and landing	短矩起落
TAT	total air temperature	大气总温
TMCS	thrust management computing system	推力管理计算系统

附录6 俄汉专业缩略词汇对照表

ГОСТ18977-79 TM1495-75	俄军用飞机串行传输码
БЦВМ	机载数字计算机
БИС	大规模集成电路 IC
КФМ	结构功能模块（电路板）
МРК	一次性指令模块
МЦП	中央处理机 CPU
ОЗДД	双端口存储器
ОС	操作系统
МОПс	串行交换码

ПЗУ	只读存储器 ROM
ПЛМ	可编程的逻辑矩阵
ПЛИС	可编程的逻辑集成电路 FPGA
ПМО	软件
РОН	通用寄存器
ТВК	自检 BIT
ЗППЗУ	EEPROM
БС	交联部件
ИЛС	平视显示器
КПА	检测设备
МФИ	多功能显示器
НВГ	导航
РВ	无线电高度表
САУ	自动控制系统
СВС	大气信号系统
СЦВ	专用数字计算机
ЗЗУ	非易失存储器
АБК	机上自动检查
АР	自主状态
АЗ	方位角
БЗ	作战任务
БК	攻击按钮
ДП	显示处理器
КЛС	数据通信传输线
ЛВ	瞄准线
МФК	多功能按钮
ПП	瞄准十字线
ПУМ	多功能操作台
РЛС	雷达
РТК	扩展检查装置
СОК	客观检查系统
ТО	战术状态
УР	导弹
Ц	目标
ЦИ	数字显示器
МТЦ	目标标记
БСПИ	交联和信息转换部件
СОИ	综合显示系统
БРП	复制程序存储部件

БКТС	电视信号转换部件
ПНП	地面准备操纵台
БС	交联部件
БРЦУ	信息分配和转换部件
БП	大视场
БПЗ	动力转换部件
ТП	悬挂点
БСПИ	交联和信息转换模块
МОМ	多重交换模块
МПФ	多维传递函数
УВВ	输入输出装置
ПКА	模数转换器
ТАК	数模转换器
МТЦ	摩球
ЛС	交联线路
Л150	全向告警器
РСБ	无线电近距离导航系统
НЦ060	垂直和航向信息综合系统
СОС	极限信号系统
ОЛС	光学雷达
БДУС	角速度传感器
РВ	无线电高度表
ЗОПК	武器控制系统
НОЧБ	夜间
ИНД	显示
КАБ	座舱
БК	攻击按钮
ЮСТ	校准
ШО	起落架压缩
ШВ	起落架放下
ШУ	起落架收上
ПОСАДКА	着陆
ВСТРЕЧА	遭遇
СУВ-П	对地攻击火控系统
СУВ-В	对空攻击火控系统
ИЗЛ	辐射
ЛД	激光测距仪
НАВИГ	导航
ИСПР	正常

ГОТ	准备
РАЗВОРОТ	转弯
ВВОД	输入
СБРОС	清除
ЗПС	后半球
СИСТ	系统
ПДГ	准备
ПРНАЛКОНТ	允许连续校正

参 考 文 献

[1] Cary R. Spitzer. 数字航空电子技术[M]. 北京:航空工业出版社,2010.
[2] 蒲小勃. 现代航空电子系统与综合[M]. 北京:航空工业出版社,2013.
[3] 牛文生. 机载计算机技术[M]. 北京:航空工业出版社,2013.
[4] 熊华刚. 先进航空电子综合技术[M]. 北京:北航出版社,2009.
[5] 支超有. 机载数据总线技术及其应用[M]. 北京:国防工业出版社,2009.
[6] 王勇. 机载计算机系统[M]. 北京:国防工业出版社,2008.
[7] 王勇. 航电综合互连技术[M]. 西安:空军工程大学,2017.
[8] 王勇. 机载航电总线[M]. 西安:空军装备部,2019.
[9] 滑朋杰. 航空总线技术[M]. 北京:陆军航空兵学院,2017.
[10] 杨建新. 机载数据总线[M]. 青岛:海军航空工程学院,2009.
[11] 金德琨. 民用飞机航空电子系统[M]. 上海:上海交通大学出版社,2011.
[12] 田泽. 航空专用集成电路[M]. 北京:航空工业出版社,2013.
[13] Ian Moir. Civil Avionic Systems[M]. 北京:航空工业出版社,2009.
[14] 丛伟. 综合航空电子系统总体技术[M]. 北京:国防工业出版社,2015.
[15] 霍立平. 航空电子系统与综合[M]. 青岛:海军航空大学出版社,2018.
[16] 梁青阳. 综合航空电子系统原理[M]. 长春:空军航空大学出版社,2019.
[17] 熊华刚. 先进航空电子综合技术[M]. 北京:北航出版社,2009.
[18] 支超有. 机载数据总线技术及其应用[M]. 北京:国防工业出版社,2009.
[19] GJB 289A—1997 数字式时分制指令响应型多路传输总线[S]. 北京:航空工业部,1997.
[20] HB 6096—1986 SZ-01 数字信息传输系统[S]. 北京:航空工业部,1986.
[21] 周波,张磊. 基于K7的高速FC物理层的设计和实现[J]. 光通信技术,2015(10):15-17.
[22] 郝燕艳,潘瑞. 基于TTEthernet的综合电子系统通信网络研究[J]. 航天器工程,2013(06):86-91.
[23] 逯计划. 机载总线技术发展研究[J]. 电子测试,2017(7):15-18.
[24] 赵长啸,等. 面向风险均衡的AFDX虚拟链路路径寻优算法[J]. 航空学报,2018(1):29-32.
[25] 张英静,熊华钢. 可用于航空电子系统的时间触发以太网[J]. 电光与控制,2015(5):22-24.
[26] 杨俊雄,徐亚军. 时钟同步精度对TTE实时性影响研究[J]. 电光与控制,2016(8):33-38.
[27] 苗佳旺,等. AFDX网络系统测试设计与实现[J]. 计算机测量与控制,2018(5):19-21.
[28] 李芯博. FC航空电子测试接口的研究与实现[D]. 西安:西安电子科技大学,2014:35-39.
[29] 王仲杰,陈伟. 新一代军用航空总线系统测试方法研究[J]. 电子技术应用,2017(06):87-89.
[30] 李炳乾,等. 光纤通道信用更新驱动的流量与差错控制机制[J]. 计算机工程,2016(7):25-28.
[31] 王亚琦. 时间触发以太网节点卡的FPGA设计与实现[D]. 成都:电子科技大学,2017:45-49.
[32] 施雯雯,等. 基于FPGA的千兆级AFDX端系统设计与实现[J]. 航空电子技术,2018(1):15-17.

[33] 李雯,王世奎,等.AFDX端系统技术时延测试方法设计与实现[J].测控技术,2014(5):22-25.
[34] 尹程.基于FPGA的光纤接口和CPCI总线通信[D].哈尔滨:哈尔滨工业大学,2015:55-57.
[35] 李炳乾.IMA系统ICP光纤通道接口板设计与实现[J].计算机工程,2016(12):35-37.
[36] 黄林达.PCI-Express-FC协议高速数据传输模块的设计[D].成都:电子科技大学,2015:36-39.
[37] 田泽,徐文龙.FC光纤通道技术研究综述[J].电子技术应用.2016(9):12-15.